**Wolfgang Schad · Die Vorgeburtlichkeit des Menschen**

Wolfgang Schad

# DIE VORGEBURTLICHKEIT DES MENSCHEN

Der Entwicklungsgedanke in
der Embryologie

Urachhaus

ISBN 3 87838 351 7

# Inhalt

I. Geschichte und Bedeutung des Biogenetischen
Grundgesetzes. . . . . . . . . . . . . . . . . . . . . . . . . . . . . . . . .   7

II. Grundgesten der menschlichen Embryonalentwicklung . . . .   34

III. Die Vorgeburtlichkeit – anthroposophisch betrachtet . . . . . . .   63

IV. Biologie der Freiheit . . . . . . . . . . . . . . . . . . . . . . . . . . . . . . .   73

V. Was ist Freiheit? . . . . . . . . . . . . . . . . . . . . . . . . . . . . . . . . .   94

VI. Das geborene Kind – ein Zeit- und Ewigkeitswesen . . . . . . . .   103

# I Geschichte und Bedeutung des Biogenetischen Grundgesetzes

Bei jeder Behandlung und Diskussion um den Status des menschlichen Embryos spielt das *Biogenetische Grundgesetz* heute im Gedankenverlauf in bewußter oder unterschwelliger Weise eine wirksame Rolle. Geht es doch sofort um die Frage: Ist der Mensch von vornherein Mensch, oder entwickelt er sich aus tierartigen Vorformen? Der leere Dottersack, die »Kiemenbögen« und der »Tierschwanz« des menschlichen Embryos sowie die zeitweise Bedeckung des Fötus mit feinem Lanugohaar werden heute noch in allen Schulbüchern als Hinweis auf die Tierabkunft vorgebracht. Von wann an wird der Mensch zum Menschen?

Wird diese Frage nicht rhetorisch oder nur zum Standpunkt sichernden Austausch von Argumenten, sondern ernstlich gestellt, so trägt sie selbst die weitere Frage in sich: Worin besteht das Menschsein denn nun? Worin gerade auch gegenüber dem Tier? Um das Ergebnis gleich vorwegzunehmen: Der Mensch ist nie Mensch – er wird es immer. Der Mensch ist nur Mensch, wo er es wird. Und er ist es nur, solange er es wird. Diese grammatikalische Paradoxie, daß sein Wesen nur im Werden besteht, verhindert eine definitorische Antwort durch die Wirklichkeit selbst.

Wenn ein Löwe sein Zebra schlägt, kann er das nicht noch »löwiger« machen. Der Mensch aber kann sich nach jeder seiner auch noch so kleinen Handlungen sagen, daß er sich noch menschlicher hätte verhalten können. Es macht die Schönheit des Tierlebens aus, daß es in sich immer vollendet ist. »Die Natur versteht gar keinen Spaß, sie ist immer wahr, immer ernst, immer strenge, sie hat immer recht« (Goethe zu Eckermann, 13. 2. 1829).

Die ganze Eigenart des Menschen aber ist seine Unvollendetheit. Im Zeitalter der überall angepriesenen Idole erweckt gerade heute ein Mensch, der behauptet, den Gipfel an Menschlichkeit endlich erreicht zu haben, schon aus Erfahrung den Verdacht, daß etwas mit seinem Menschsein nicht mehr stimmt. So paradox es sich sprachlich wieder nur ausdrücken läßt: Der Mensch steht dadurch über dem Tier, daß er unvollkommener, ungesicherter, risikobelasteter existiert, denn nur dadurch kann er freier und unvorhersagbar schöpferisch sein: Seine Vollkommenheit besteht in seiner Unvollkommenheit. Dadurch ist der Mensch, insofern er Mensch ist, viel mehr ein Werdender als ein Seiender. Der Mensch ist nur menschlich, solange er wird. Und wann ist der Mensch mehr ein Werdender als während seiner Embryonalentwicklung! Aber sind nicht auch die Tiere in ihrer Keimesentwicklung ebenso Werdende? Sind sie dadurch zuerst einmal dem Menschen viel näher? Sollte gerade darin die besondere Ähnlichkeit von Mensch und Tier in den frühen Stadien zusammenhängen, die im lernfähigen Tierkind noch nachklingt?

Zumeist wurde in unserem Jahrhundert die Frage nach der evolutionären Bewertung der menschlichen Embryologie anders behandelt – nämlich im Sinne der zweiten Hälfte des 19. Jahrhunderts, das sich in seinem positivistischen Erfolgsgefühl sowieso als den Gipfel der bisherigen Geschichte und Natur ansah. Letzteres ist heute nicht einmal biologisch mehr möglich. Die moderne Systematik stellt den Menschen zusammen mit den Affen und Halbaffen (Primaten) in nächste Nähe zu den niedersten Plazenta-Säugetieren (Insektivoren). Alle Nage-, Raub- und Huftiere – das sind die Mehrzahl aller Säugetiere – gelten heute als leiblich höher evoluiert – man denke nur an den schlichten Bau unserer Zähne im Vergleich zum Nage- oder Raubtiergebiß, unserer Hände zu den Huftiergliedmaßen, unseres Magens zu den Wiederkäuermägen. Der Mensch und ein wenig auch seine nächstverwandten Tiere sind unvollkommenere Formen. Das gilt gerade auch für das oft fälschlicherweise hochspezialisiert genannte Gehirn des Menschen; es ist weit weniger vorprogrammiert als das Affengehirn (Ploog) und gerade nur deshalb lernfähiger.

Hier soll zuerst das historische Auftauchen einer der fruchtbarsten Ideen in der Biologie, des Biogenetischen Grundgesetzes, verfolgt werden. Es ist heute allgemein in der Form bekannt, die ihm sein eifrigster Propagator, Ernst Haeckel (1834–1919), der wohl berühmteste Zoologe aus der zweiten Hälfte des letzten Jahrhunderts, gegeben hat. An der Entwicklung von Schwämmen sah er Stadien, die er in der vertrauten Lebewelt als die Stufung vom Einzeller zur Zellkolonie, zur Kugelalge bis zur tierischen Organisation mit innerer Leibeshöhle kannte. Befruchtete Eizelle (Zygote), Maulbeerkeim (Morula), Blasenkeim (Blastula) und Becherkeim (Gastrula) nannte er die entsprechenden Stadien bei den Schwämmen und postulierte aus beiden Reihen, der Stufung heutiger Organismen und der Schwammembryologie, gemeinsame urferne Vorfahren, die ähnliche Formen als Stammesgeschichte aller Lebewesen durchlaufen haben sollten. 1866 sprach er es in der Kurzform aus: Die Einzelentwicklung ist eine verkürzte Wiederholung der Stammesentwicklung (»die Ontogenie ist eine verkürzte Rekapitulation der Phylogenie«).

Was in dieser naturwissenschaftlichen Begriffssprache farblos und trocken klingt, war bei Haeckel einer tiefen Faszination an den mikroskopischen Naturerscheinungen entsprungen. Schon der Student fühlte sich in einer ihm unbegreiflichen Weise von der Welt des Kleinsten angezogen. Dem Vater, einem Oberregierungsrat in Merseburg, der das Medizinstudium von ihm verlangte, schrieb er vom Fortgang seiner Studien: »Ja, über die Zellentheorie geht mir nichts! Ich weiß nicht, was für eine sonderbare Anziehungskraft diese sonderbare Tatsache, daß die Zelle Ursprung und Konsistenz aller organischen Körper ist, für mich speziell hat; aber es ist faktisch, ich betrachte dies wirklich als das größte Schöpfungswunder, über das ich mich gar nicht satt wundern und freuen kann ... Nimm aber diese Worte für das, was sie sind, lieber Vater, für den Hauch einer vielleicht übertriebenen Begeisterung, welche mir von Zeit zu Zeit alle Glieder wie verzehrendes Feuer der Leidenschaft durchzieht, daß unwillkürlich meine Muskeln in tonische Kontraktionen geraten, und ich in Freudenrufe ausbreche ... Vivant cellulae! Vivat Microscopia!« So wurde damals noch Naturforschung betrieben.

Haeckel war nun keineswegs der erste, der den Zusammenhang von Einzelwesen und seiner Vorfahrenreihe ausgesprochen hatte. Der Wissenschaftshistoriker Kohlbrugge hat über siebzig Forscher nachgewiesen, die von Goethe (1797) an bis Haeckel (1866) davon geschrieben hatten. So schon 1864, kurz vor Haeckel, Fritz Müller in seiner Streitschrift »Für Darwin«, oder 1811 der Anatom Johann Friedrich Meckel mit dem beziehungsreichen Titel seiner Schrift: »System einer Darstellung der zwischen dem Embryonalzustand der höheren Tiere und dem permanenten der niederen stattfindenden Parallele«.

Der Begründer der Embryologie, der Balte Carl Ernst von Baer, sprach 1828 von der Parallele zwischen der »individuellen Metamorphose« und der »Metamorphose des Tierreiches«, lehnte sie aber in ihrem direkten, einander gleichsetzenden Bezug zueinander ab. Die von Kohlbrugge genannten Forscher sind:

| | |
|---|---|
| Goethe 1797. | Lenhossek 1816, 1822. |
| Autenrieth 1797. | Blainville 1819. |
| Ch. Bernoulli 1804. | Schweigger 1820. |
| Carlisle 1805. | Rathke 1820–1825. |
| Cuvier 1805, 1809. | Koreff 1820. |
| Doellinger 1805, 1835. | Feiler 1820. |
| Oken 1805. | Pander u. d'Alton 1821–1825. |
| Tiedemann 1805, 1808, 1816. | Link 1821. |
| Meckel 1806, 1811, 1821. | Steffens 1822. |
| Geoffroy St. Hilaire 1807. | Treviranus 1822. |
| Heinroth 1807. | Serres 1824–1855. |
| Walther 1807. | J. Müller 1826, 1834. |
| Philites 1809. | Bakker 1827. |
| Bartels 1809. | v. Baer 1828. |
| Fr. v. Paula Gruithuisen 1810. | Schultze 1828. |
| Spix 1811. | Zenker 1828–1830. |
| Carus 1814, 1818, 1851. | Andral 1829. |
| Blumenbach 1815. | Heusinger 1829. |
| Goldfuß 1817, 1820. | Sebastian 1830. |
| Buquoy 1817, 1826. | Hildebrandt 1830–1832. |
| Burdach 1817, 1840. | Fleischmann 1833. |
| Voigt 1817. | Roget 1834. |

**10**

| | |
|---|---|
| Lyell 1834. | Lotze 1851. |
| Clarke 1835. | Ehrenberg 1852. |
| A. Comte 1838. | Schaafhausen 1853. |
| Boucher de Pertes 1838. | Baumgärtner 1853, 1855. |
| Wetter 1839. | Klencke 1855. |
| Eberhard 1842. | Büchner 1855. |
| Kürschner 1843. | Laugel 1856. |
| Gérard 1844. | Bronn 1856, 1858. |
| Agassiz 1844–1857. | Jaeger 1857. |
| Berthold 1845. | Pruner Bey 1859. |
| Cotta 1848. | Darwin 1859. |
| van der Hoeven 1849. | Weiße 1860. |
| Vogt 1851, 1853. | F. Müller 1864. |
| Rolle 1851. | Haeckel 1866. |

Besonders interessant ist die Denkbewegung bei dem Anatomen G. Andral, der 1829 schrieb: »Die Mißbildungen durch Hemmung der Entwicklung wiederholen meistens mehr oder weniger deutlich die normale Bildung bei den niederen Tierklassen. Dieser Satz geht unmittelbar aus dem Gesetz hervor, kraft dessen der Mensch während seines Fötuslebens die verschiedenen Organisationsstufen durchläuft, welche bei den niederen Tieren den bleibenden Zustand bilden.« Andral ist der erste, der hier von einem Gesetz spricht und dabei beachtet, daß nicht so sehr die normalen menschlichen Fötalstadien, sondern die Abweichungen und Mißbildungen derselben sich mit den niederstehenden Tieren parallelisieren lassen. Die Mißbildungslehre (Teratologie) wurde rasch zu einer wichtigen Stütze der vom Biogenetischen Grundgesetz angeregten Evolutionslehre. Greifen wir aber noch weiter zurück.

Goethe hat auf dem Wege zu seiner dritten Schweizer Reise am 10. September 1797 in Tübingen den in seiner Bedeutung bis heute wenig bekannt gewordenen Arzt und Zoologen Karl Friedrich Kielmeyer (1765–1844) getroffen und über das gleiche Thema mit ihm gesprochen. Er vermerkt in seinem Reisetagebuch: »Früh mit Professor Kielmeyer, der mich besuchte, verschiedenes über Anatomie und Physiologie organischer Naturen ... Über die Idee, daß die höheren organi-

1  Karl Friedrich Kielmeyer (1765–1844) war Goethe ein Gesprächs-
partner über Evolutionsfragen, als sich dieser auf dem Wege zu seiner dritten Schweizer Reise am 10. September 1797 in Tübingen auf-
hielt. Kielmeyer war damals der erste Naturwissenschaftler, der die
Einzelentwicklung mit der Gesamtentwicklung der Lebewesen ver-
glich und so, längst vor Haeckel, das »Biogenetische Grundgesetz«
fand.

schen Naturen in ihrer Entwicklung einige Stufen vorwärts machen, auf denen die anderen hinter ihnen zurückbleiben.« Kielmeyer hat kaum Schriften hinterlassen, hatte aber durch seinen genialen Unterricht als Hochschullehrer eine gar nicht groß genug einzuschätzende Wirkung auf die kommende Generation führender Mediziner und Zoologen im Umbruch vom achtzehnten zum neunzehnten Jahrhundert.

1793 hielt Kielmeyer eine Rede »Über die Verhältnisse der organischen Kräfte untereinander in der Reihe der verschiedenen Organisationen...«, die uns erhalten ist und mit der der Gedanke des Biogenetischen Grundgesetzes in die Naturwissenschaften eingeht: »Ja, da die Verteilung der Kräfte in der Reihe der Organisationen dieselbe Ordnung befolgt wie die Verteilung in den verschiedenen Entwicklungszuständen des nämlichen Individuums, so kann gefolgert werden, daß die Kraft, durch die bei letzteren die Hervorbringung geschieht, nämlich die Reproduktionskraft, in ihren Gesetzen mit der Kraft übereinstimmt, durch die die Reihe der verschiedenen Organisationen der Erde ins Dasein gerufen wurde.« Daß fast alle bedeutenden Naturforscher schon in der ersten Hälfte des neunzehnten Jahrhunderts den Gedanken eines Zusammenhanges der Embryologie mit den Stufen des Organismenreiches kannten, ist wohl die Wirkung Kielmeyers gewesen.

Die Geschichte dieser Idee geht aber um weitere zwei Jahrzehnte zurück. Sie taucht 1773 zum ersten Mal in einem religions-philosophischen Manuskript auf, das ein junger Student der Medizin an der Universität in Göttingen für sich niedergeschrieben hatte. Das Heft kommt dem großen Aufklärer Lessing in die Hände, der es sogleich 1774 anonym drucken läßt. Es sind die ersten 53 Paragraphen des Werkes, das, fast auf das Doppelte von ihm selbst erweitert, Lessing als seine letzte und bedeutendste Schrift 1780 wiederum veröffentlicht: »Die Erziehung des Menschengeschlechtes«. Lessing gelangt zum Ende dieser seiner vermächtnishaften Arbeit aus eigener Erkenntnis auf die geschichtliche Notwendigkeit der wiederholten Erdenleben des Menschen. Nur durch sie kann der einzelne Mensch geistig am wahren Fortgang der Menschheitsgeschichte teilnehmen. Er kann als Kind die frühen Stufen wieder durchlaufen, weil er sie sich in früheren Leben geistig einverleibt hatte.

Nicht aus der Naturwissenschaft, sondern aus der Geschichtsphilosophie der Aufklärungszeit entspringt die Idee der Wiederholung der Vorfahrenreihe und geht erst dann in die Naturwissenschaften ein. Haeckel war nur ihr großer Popularisator, auch wenn er sie, wie mancher andere, wieder erneut und eigenständig konzipiert hatte. Sie lag eben schon fast ein Jahrhundert geistig in der Luft, im Bereich des Denkbaren. Lessing selbst bekannte:»Unter einem gewissen Zirkel von Freunden ist vor einiger Zeit ein kleiner Aufsatz in der Handschrift herumgegangen, welche die ersten Linien zu einem ausführlichen Buch enthielt und überschrieben war: Die Erziehung des Menschengeschlechts. Ich muß bekennen, daß ich von einigen Gedanken dieses Aufsatzes wörtlich Gebrauch gemacht habe.«

Wer aber war 1773 jener Studiosus in Göttingen, der in Lessing seinen großen Mitstreiter gefunden hatte? Der spätere Begründer der naturwissenschaftlichen Landwirtschaft: Albrecht Daniel Thaer* (1752–1828). Vielseitig begabt, wurde er zuerst Arzt in Celle in der Lüneburger Heide. In seinem Hausgarten gelangen ihm bald so viele neue Pflege- und Düngeverfahren, daß zuerst die lokale Landwirtschaft davon profitierte, bis man auf ihn höheren Ortes aufmerksam wurde und er auf den für ihn geschaffenen ersten deutschen Lehrstuhl für Landwirtschaftswissenschaften in Berlin berufen wurde. Mit ihm wurde der bisherige Ackerbau revolutioniert. Er machte die Intensivwirtschaft möglich, indem er die Bedeutung der Kompostdüngung, der Gründüngung, ebenso die fördernde Wirkung der Leguminosen entdeckte und einführte und viele Ackergeräte technisch verbesserte. Nicht erst mit Justus Liebig und der Einführung des Mineraldüngers, sondern vorher mit Thaer beginnt die moderne Entwicklung der Landwirtschaft. Das wird erst heute, wo die biologisch-dynamische und die anderen biologischen Wirtschaftsweisen zu echten Alternativen geworden sind, wieder deutlich.

* Die Mitautorschaft Thaers ist in der heutigen Lessingforschung weiterhin umstritten und kann von den andeutenden Äußerungen Lessings her weniger festgemacht werden als von denen Thaers (siehe Klemm). Ich danke Herrn Karl-Martin Dietz für die Mithilfe bei der Untersuchung dieser Frage.

In der Persönlichkeit Thaers, dessen Lebensdaten sich fast mit denen Goethes decken, vereinigen sich – wenn auch auf ganz andere Weise als bei diesem – pädagogische, philosophische, ja religiöse Fragen des Menschenverständnisses mit seinem therapeutischen Bemühen als Arzt und der lebenspraktischen Hinwendung zur Natur als Landwirt. Seine genialste Intuition aber war die, welche er gerade mit einundzwanzig Jahren im besagten Manuskript hinschrieb, von dem wir den ersten, zweiten und vierten Paragraphen im Wortlaut hier anführen:

»Was die Erziehung bei dem einzelnen Menschen ist, ist die Offenbarung bei dem ganzen Menschengeschlechte.«

»Erziehung ist Offenbarung, die dem einzelnen Menschen geschieht: und Offenbarung ist Erziehung, die dem Menschengeschlechte geschehen ist und noch geschieht.«

»Erziehung gibt dem Menschen nichts, was er nicht auch aus sich selbst haben könnte; sie gibt ihm das, was er aus sich selber haben könnte, nur geschwinder und leichter. Also gibt auch die Offenbarung dem Menschengeschlechte nichts, worauf die menschliche Vernunft, sich selbst überlassen, nicht auch kommen würde; sondern sie gab und gibt ihm die wichtigsten Dinge nur früher.«

Das Erwachen der Vernunft als die Aufklärung im neuzeitlichen Selbstverständnis führt zur Entdeckung der Teilhabe am ganzen Kulturgeschehen der Menschheit durch die Wiederholung in jedem Menschen. Geistige und natürliche Bedingungen in ihrem Wechselbezug treten in den Blick des menschlichen Denkens, das nach seinem Selbstverständnis fragt.

Jede unbefangene Beobachtung des *Denkens* zeigt, daß wir damit einen recht vielseitigen Vorgang im Erkenntnisleben bezeichnen. Die Gedanken eines anderen mit- und nachzudenken ist etwas anderes, als selbständige, eigene Gedanken zu bilden. Bei diesen hinwieder läßt sich beobachten, daß das intuitive Konzipieren einer Problemlösung als nächsten Schritt noch zusätzlich die logische und sprachliche Einbettung fordert. Erst der letztere Vorgang macht den Inhalt gedächtnismäßig verfügbar, während die fruchtbaren Momente aufleuchtender

Intuitionen nicht ohne weiteres wiederholbar sind. Daran zeigt sich, daß es einen zentralen schöpferischen Teil des Denkens gibt, von dem sich die nachträgliche, reflektierende Verarbeitung deutlich unterscheidet. Im ersteren sind wir im lebendigen Werden der geistigen Produktion tätig, im letzteren verarmt dieses Leben zum jederzeit verfügbaren, eben mitteilbaren Satz, Schema oder Modell.

Im Gesamthaften des Denkens sind also sowohl Lebens- wie Absterbeprozesse für das seelische Bewußtseinstableau vorhanden. Dem stehen organische Vorgänge instrumental zur Verfügung. So ist das Gehirn, insbesondere in der Großhirnrinde, wie kein anderes Organ des menschlichen Leibes in der dauernden Bereitschaft, kurzfristig abzusterben; bei unterbrochener Blutzufuhr hält es bekanntlich sein Leben maximal nur bis drei Minuten durch; dann beginnt schon die unwiderrufliche Verwesung dieses Organs. Gerade die vitalarme Physiologie unseres zentralen Nervensystems ermöglicht unser Tagesbewußtsein. Diese Beobachtung gibt uns die Einsicht, daß das Gehirn auch nur die nachträgliche Verfügbarkeit der lebendig gewonnenen Gedanken leistet. Nicht das Denken in seiner schöpferischen Tätigkeit hängt mit dem Gehirn zusammen, sondern nur das Bewußtmachen seiner Inhalte bis zur begrifflichen Formulierung. Die Lebensarmut des Gehirns ist selbst der Hinweis darauf, daß gehirngebundene Gedanken nicht die Wirklichkeit erfassen, sondern nur verarmte Schemata derselben.

Was aber haben diese Denkbeobachtungen mit unserem Thema zu tun? Sie geben uns einen entscheidenden Einblick. So wird nämlich psychologisch und physiologisch verständlich, warum das rationalistische Denken seine größten Erfolge in der Entdeckung der Gesetze der abgestorbenen, toten Natur durch die Physik und Chemie leisten konnte. Dieses Denken konnte seiner Natur gemäß nur durch Zergliederung des Lebenszusammenhanges in der Welt des Lebendigen vorgehen; an die Lebenswirklichkeit kam es nie heran. Wo das wissenschaftliche Erkennen die beweglichen Gesetze der organischen Welt erfaßte, lag ihm jenes intuitive, primär sprachlose Verstehen zugrunde, in welchem das lebendige Denken selbst die Voraussetzung erfüllt, um auch Lebendiges als solches erkennen zu können. Das ist bei der Konzeption des Biogenetischen Grundgesetzes der Fall gewesen. Der

Streit, der seit seiner ersten Formulierung durch Kielmeyer bis heute in den biologischen Wissenschaften um dieses Gesetz geht (ist es überhaupt ein Gesetz?), ist die Selbstbeschreibung des gehirngebundenen Rationalismus gegenüber dem lebensvollen, schmiegsamen Denken anhand der konkreten Erscheinungen.

Leben ist immer wechselnde Ordnung. Es besteht in jedem Augenblick in einem Zusammenhang, der selbst schon nur aus einem Zusammenhang herrührt, aber nie additiv hergestellt werden kann. Seit den Versuchen von Francesco Redi (1665) und Louis Pasteur (1862) gehört es zu den schon allein quantitativ gesichertsten experimentellen Ergebnissen, daß Urzeugung nicht möglich ist. Das heißt, daß Leben sich nicht zusammensetzen läßt.

Leben ist nun nicht nur räumliche Ordnung, sondern ebenso zeitliche Ordnung. Auch seine zeitliche Ordnung ist nun nicht in der Zeit zusammengesetzt. So wie im lebendigen Organismus seine spezifische Ordnung sich in allen seinen Organen im kleinen wiederholt, wobei sich diese Wiederholung organspezifisch abwandelt, so besteht auch die zeitliche Gestaltung in der Wiederholung des gesamten Zyklus in jedem der kleineren Zyklen. Das ist der Sinn des Biogenetischen Grundgesetzes, und darin liegt seine Bedeutung, daß es auf eine konstitutive Eigenschaft der lebendigen Zeitgestalt aufmerksam macht.

Nehmen wir ein Beispiel: Beim heranwachsenden Rehbock entwickelt sich aus seinen Stirnknochen sein kleines Geweih (vom Jäger ungenau Gehörn genannt), indem es sich von der ersten Knopfform nach dem jährlichen Abwurf im Herbst zu einfachen Spießen, zur zweiendigen Gablerstange, dann zur dreiendigen, beim sibirischen Reh sogar zur fünfendigen Geweihstange entwickelt. Ja, die einzelne Geweihstangenentwicklung geht in jedem Jahreszyklus selbst immer von einem zuerst unverzweigten und dann mehrendig werdenden Bildungsgewebe aus. In der Fossilkunde entdeckte man, daß die ersten Hirsche geweihlos (Palaeomeryx), dann mit Gabelgeweihen (Dicroceros) und erst daraufhin mit mehrendigen Geweihen (Procervus) im Laufe des jüngeren Tertiärs aufgetreten sind. Sowohl in der Organentwicklung und der ontogenetischen Einzelentwicklung als auch in der Stammesentwicklung liegt hier die gleiche Entwicklungsgestalt im

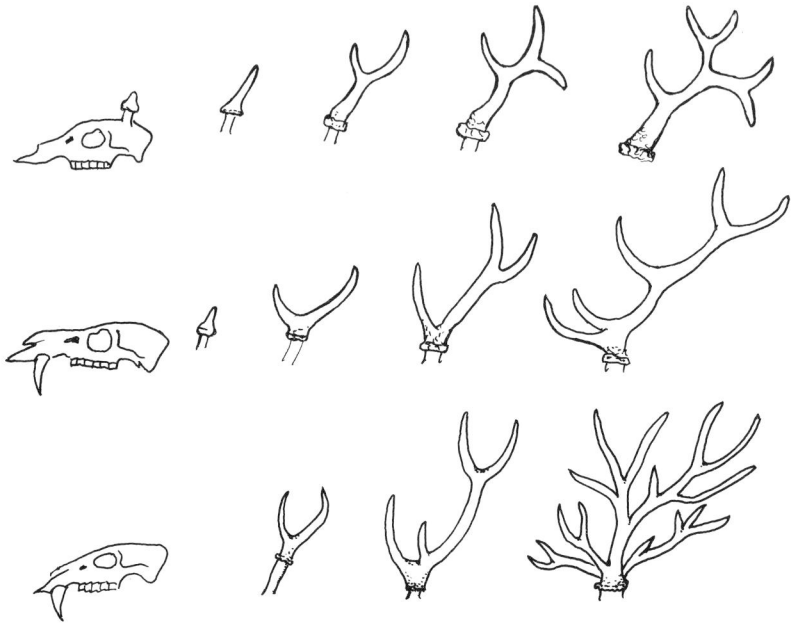

2  Die Parallelität biologischer Entwicklungsreihen bei den Hirschen.
Oben: Entwicklung des Rehgeweihes bis zum vielendigen Geweih
des Sibirischen Rehes. Mitte: Systematische Reihen verschiedener
lebender Hirscharten: Schädel des geweihlosen Wasserrehs, Spieße
des Schopfhirsches, Gabelstange des Muntjak, Geweih des Pferde-
hirsches und Rothirsches (alle in Asien). Unten: Fossile Hirscharten
in zeitlicher Reihenfolge: Blastomeryx (unteres Miozän), Euprox
(oberes Miozän), Procervus (unteres Pliozän), Polycladus (oberes
Pliozän). (Nicht maßstabgerecht.)

**18**

Zeitablauf vor. Räumlich-geographisch nebeneinander finden wir diese Stufung ebenso auch bei den heutigen Hirschen auf der Erde: Das Wasserreh ist geweihlos, der Schopfhirsch nur mit Spießen, der Muntjak mit Gabelstangen versehen; Reh und Schweinshirsch sind gewöhnlich als Sechsender (an jeder Stange drei Enden) und viele weitere Hirsche mehrendig ausgestattet. Sicherlich sind die heutigen Hirsche in ihrer Stufung nicht mehr mit den realen Urhirschen des Tertiärs identisch, und ebensowenig durchläuft das Reh in allen Merkmalen jedesmal erneut die Urhirschform, denn es bleibt z. B. seiner Gen-Ausstattung nach unverändert und artspezifisch. Und doch können wir von einer auffälligen Parallelität der Ontogenie mit der Phylogenie und ihrem Niederschlag in der Systematik der heutigen Organismen sprechen, die auch dann ihren Wert behält, wenn neben der Fülle der zutreffenden Lebenserscheinungen auch eine Fülle an Ausnahmen von der biogenetischen Regel gefunden wurden. Natürlich ist die wörtliche Aussage, die Einzelentwicklung wiederhole völlig die Stammesentwicklung, nicht rationalistisch festzumachen. Bis in seinen Biochemismus bleibt das Reh artspezifisch nur das heutige Reh, und so ist auch der Mensch erbbiologisch von der Eizelle an nichts anderes als ein Mensch. Haeckel hat natürlich auch nie gemeint, daß ein Meeresschwamm im Blastulastadium das Stadium der Süßwasserkugelalge real durchläuft; dieser kann es ja schon dadurch nicht, daß er kein Chlorophyll besitzt. Was aber hat es bei dem Biogenetischen Grundgesetz als Ausdruck der Zeitgestalt auf sich?

Die Anerkennung des Biogenetischen Grundgesetzes steht und fällt damit, daß die ganzheitliche Zeitgestalt nicht nur dem Lebenszyklus des einzelnen Organismus zugestanden wird, sondern der Evolution der gesamten Lebewelt als dem erweitert zu denkenden Organismus der gesamten Biosphäre der Erde. Das sprach schon Kielmeyer im angeführten Zitat aus. Wenn aber hier wie im Raume das einzelne Glied die Gesamtgestalt in abgewandelter Form darlebt, so gilt dann für die einzelnen Zeitgestalten, daß sie nicht nur die Vergangenheit der Evolution rekapitulieren, sondern auch zukünftige Entwicklungsmöglichkeiten in der abgewandelten Form der Vorläufigkeit antizipieren. Darauf machte wohl zuerst Rudolf Steiner aufmerksam, daß jeder Organismus

19

nie allein in seiner räumlichen Gegenwart verständlich ist, sondern Bildungsmotive der vergangenen Evolution in der Gegenwart ebenso wiederholt, wie er zukünftige Möglichkeiten jetzt schon vorwegnimmt. Von einer anderen Seite ist auf diese Merkwürdigkeit, ohne es zu bemerken, die biologische Systematik gestoßen: Auf der Stufenleiter der Reihe der organischen Reiche – ob im Pflanzen- oder Tierreich – steht kein Organismus auf einer einzigen, eindeutig ablesbaren Entwicklungsstufe, sondern zeigt immer – evolutiv gesehen – ein Miteinander von konservativen und progressiven Merkmalen. Der berühmte Archaeopteryx ist nicht die genaue Zwischenstufe zwischen Reptilien und Vögeln, sondern zu einem Teil vollkommenes Reptil und zu einem anderen Teil fertiger Vogel, mit nur sehr wenigen Zwischenmerkmalen. Das trifft aber nicht nur für fossile Formen zu, sondern für jeden Organismus (siehe Schad). Man spricht deshalb heute, nur etwas ungeschickt, von »Mosaikformen«.

Betrachten wir auch im Bereich der wirbellosen Tiere die Bedeutung des Biogenetischen Grundgesetzes in seinen Stimmigkeiten und Widersprüchen. Die großen Gruppen der Weichtiere (Mollusken), Ringelwürmer (Anneliden) und Gliederfüßler (Arthropoden, z. B. Insekten) gelten, so außerordentlich verschieden aussehende Tiere sie auch beinhalten, als nachweislich miteinander verwandt. Ringelwürmer und Insekten zeigen ihre gemeinsame Verwandtschaft im ausgebildeten Zustand (z. B. durchgehende Segmentation des Körpers, bauchständiges Strickleiter-Nervensystem und rückenständiges Herzrohr). Die embryonalen Entwicklungen verlaufen jedoch zwischen beiden Gruppen so außerordentlich verschieden, daß sich von daher keine Anhaltspunkte für eine gemeinsame Vorfahrenreihe ergibt. Der Insektenkeim zeigt z. B. keine Gastrulation, dagegen der Keim vieler Ringelwürmer. Anders liegt der Verwandtschaftsnachweis zwischen Ringelwürmern und Weichtieren. Die jeweils urtümlichste Gruppe, die Meeresringelwürmer (Polychaeten) und die Meeresschnecken (Prosobranchia) durchlaufen in ihren Embryonalstadien nicht nur die klassischen Stufen von Morula, Blastula und Gastrula, sondern beide Gruppen bilden sich stark ähnelnde, freischwimmende Radkranzlarven (Trochophora-Larven) aus.

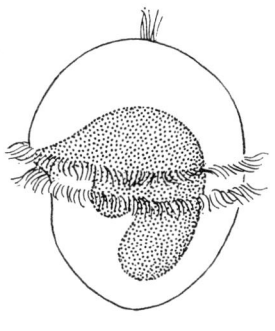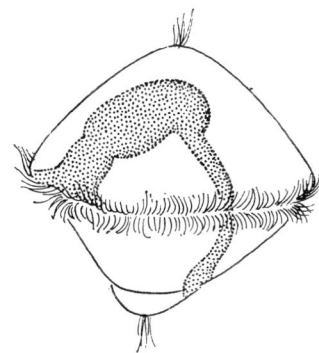

*3 Radkranzlarven (Trochophora) links eines Meeres-Ringelwurms (Polychaet) und rechts einer Käferschnecke (Chiton). (Aus Portmann.)*

Was besagen diese Fakten? Zwischen Gliederfüßlern und Ringelwürmern liegt die Vergleichbarkeit im ausgewachsenen Körperbauplan; zwischen den Ringelwürmern und Weichtieren in den embryologischen Stadien. Im ersteren Fall ist die Gültigkeit des Biogenetischen Grundgesetzes im Sinne der Rekapitulation gemeinsamer Embryonalstadien nicht gegeben, wenn auch in den Larvenformen (Maden, Engerlingen und Raupen) der Insekten ringelwurmartige Stufen vor der Reifeform in charakteristischer Abwandlung rekapituliert werden. Bei den Weichtieren, wenn wir dabei von den hochevoluierten Formen der Muscheln einerseits und Tintenfischen andererseits absehen, zeigen viele Schnecken ihre Herkunft von ringelwurmartigen Vorfahren von den frühesten Keimesstadien bis zur Trochophora an, sind also klassische Fälle für das Biogenetische Grundgesetz.

Diese reiche Abwandlung der Zuständigkeit dieses Gesetzes im Zusammenhang mit extremen Ausprägungen hat dazu geführt, daß ihm der Wert eines Gesetzes abgesprochen und höchstens der einer

21

heuristischen Regel, wenn nicht gar nur einer bestenfalls »pädagogisch« tunlichen Vereinfachung zuerkannt wurde. Das ist sicher richtig, wenn man die mathematische Sicherheit physikalischer Gesetze von jedem Gesetz verlangt. Man blendet aber damit die konstituierende Eigenart der Welt der Organismen aus, deren Zeitgestalten, wie wir gesehen haben, sich an durchaus *verschiedenen* Stellen der Lebenszyklen in charakteristischer Weise ähneln können. Das sind doch beobachtbare und festhaltbare Merkmale der Zeitgestalten, deren Vergleich fruchtbar zu machen noch gar nicht versucht wurde. Was bisher vielfach nur zur wissenschaftlichen Frustration führte, wird damit zu einem für die Biologie höchst lohnenden Ansatz: der Grad plastischer Abweichung von der streng theoretisch geforderten, biogenetischen Regel ist ebenso ein einsehbares Konstituens für den betreffenden Organismus, wie es die räumliche Morphologie in ihrer jeweiligen Abweichung vom übergreifenden Bauplan schon immer war. Ja, die nähere Analyse zeigt, daß mit der Abweichung der Zeitgestalt auch die der Raumgestalt einhergeht.

Was nun den Aussagewert des Biogenetischen Grundgesetzes für die menschliche Embryonalentwicklung betrifft, so stehen sich heute zwei völlig entgegengesetzte Standpunkte gegenüber. Zum einen ist es die auch in allen Biologie-Schulbüchern vertretene Interpretation, daß der menschliche Embryo Merkmale tierischer Vorfahren an sich trage. Zwar wird das Biogenetische Grundgesetz in der landläufigen Evolutionsforschung heute zumeist abgelehnt, merkwürdigerweise aber für den menschlichen Embryo hartnäckig beibehalten. Den anderen Standpunkt vertritt heute der Göttinger Embryologe Erich Blechschmidt in weitverbreiteten, auch allgemein verständlichen Schriften, in vielen öffentlichen Vorträgen sowie in Führungen durch die von ihm erstellte Modellsammlung menschlicher Keimesstadien. Er äußert dabei durchgängig, daß die Keimesentwicklung des Menschen von Anfang an nur menschlich verläuft, nie Tierformen wiederhole, ja, daß das Biogenetische Grundgesetz der größte wissenschaftliche Irrtum sei, den uns das 19. Jahrhundert beschert habe. Das gebildete Publikum spaltet sich heute im allgemeinen in diese beiden Lager auf. Daß bei gleich guter, gründlicher Faktenkenntnis in beiden Lagern so verschie-

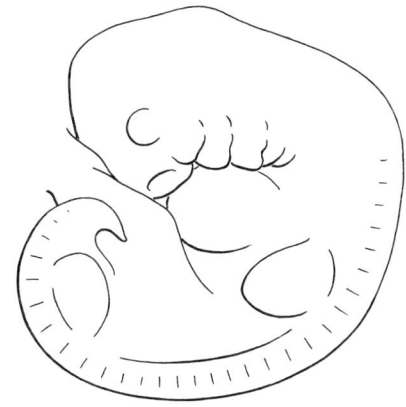

4 *Menschlicher Embryo in der 5. Woche, 6,3 mm groß, mit Schlundfal-*
*ten. (Aus Blechschmidt.)*

den geurteilt wird, legt die Vermutung nahe, daß noch andere Dinge im
Spiel sind. Zumindest aber können wir erwarten, daß die Fehlurteile
des einen Lagers vom jeweils anderen bemerkt werden, denn davon
beziehen sie ja jeweils ihre Berechtigung zur gegenseitigen Polemik.
Blechschmidt verdanken wir so eine gründliche Korrektur mehrerer
Fehlinterpretationen der darwinistischen Denkweise. Seit Ernst Haek-
kel werden frühembryonale Hautfalten im seitlichen Halsbereich als
Kiemenbögen gedeutet. Diese Schlundbögen haben weder in ihrer
Gestalt noch in ihrer Funktion Kiemencharakter. Sie entstehen laut
Blechschmidt durch die starke Einwärtskrümmung der Nackenbeuge,
so daß sich das einwärts gelegene Material notwendigerweise in Falten
legt. Die gleichen Hautfalten bilden alle Wirbeltierembryonen ein-
schließlich der Fische. Es ist auch unbestritten, daß aus einem Teil dieses Materials bei den Fischen sich die Kiemen bilden. Die menschlichen
Schlundbögen und die Fischkiemen sind also homologe Organe. Trotzdem stammen jene nicht von diesen ab. Das ist kein umständlicher

Sophismus, sondern an folgendem Beispiel klar zu beschreiben. Hirsche bilden – wie wir gesehen haben – aus ihren Stirnbeinknochen die Geweihe. Die menschliche Stirn ist dem Hirschgeweih und seinem knöchernen Unterbau durchaus homolog. Trotzdem stammt die menschliche Stirn nicht vom Hirschgeweih ab, genausowenig wie der ganze Mensch etwa von den Hirschen. Das hat auch noch nie ein Biologe behauptet. Für die embryonalen Schlundbögen des Menschen aber wird die Herkunft von ausgebildeten Fischkiemen unentwegt genauso unsinnig vertreten.

Ein anderes Beispiel: der sogenannte Tierschwanz des menschlichen Embryos. Verfolgt man sein weiteres Schicksal, so wird er erst im weiteren Verlauf der Embryonalentwicklung vom vorher noch nicht vorhandenen Beckenbereich überwachsen. Sein Rückenmarksende verbleibt beim Erwachsenen im Wirbelkanal der oberen Lende (Höhe des 2. Lendenwirbels). Der Tierschwanz aber wächst hinter der Beckenregion aus. Das letztere gibt es, von seltenen Mißbildungen abgesehen, beim Menschen nicht. Die menschliche Rückenmarksspitze ragt, nur von Haut und Begleitgewebe umgeben, zuerst aus der Unterpartie des Embryos so weit heraus, weil im Zusammenhang mit der außerordentlich frühen und raschen Entwicklung des Zentralnervensystems, insbesondere des Gehirnes, auch das Rückenmark anfangs größer und länger ist als die sonstige Rumpfanlage. Die Bauchhöhle und die Beckenregion samt den unteren Gliedmaßen sind in diesem Zustand bis auf erste Gewebeanlagen gestaltlich noch nicht da. Von einem tierischen Schwanz jenseits des Beckens kann keine Rede sein, wenn man die klaren Homologien beachtet. Zwar gibt es eine geringe Rückbildung der äußersten Schwanzspitze beim menschlichen Embryo; es wäre aber auch hier vorerst zu klären, ob das gleiche nicht auch bei schwanztragenden Primaten im frühen Embryonalstadium ebenso der Fall ist wie beim Menschen, bevor der künftige Schwanz ausgebildet wird.

Blechschmidt macht auch auf die übliche Fehlinterpretation des menschlichen Dottersacks aufmerksam. Dieser ist im Gegensatz zum Dottersack vieler Wirbeltiere (z.B. Haifische, Kriechtiere, Vögel, Kloakentiere) dotterleer. Nur der Homologievergleich berechtigt, auch beim Menschen vom Dottersack zu sprechen. Dieser wird nun vielfach

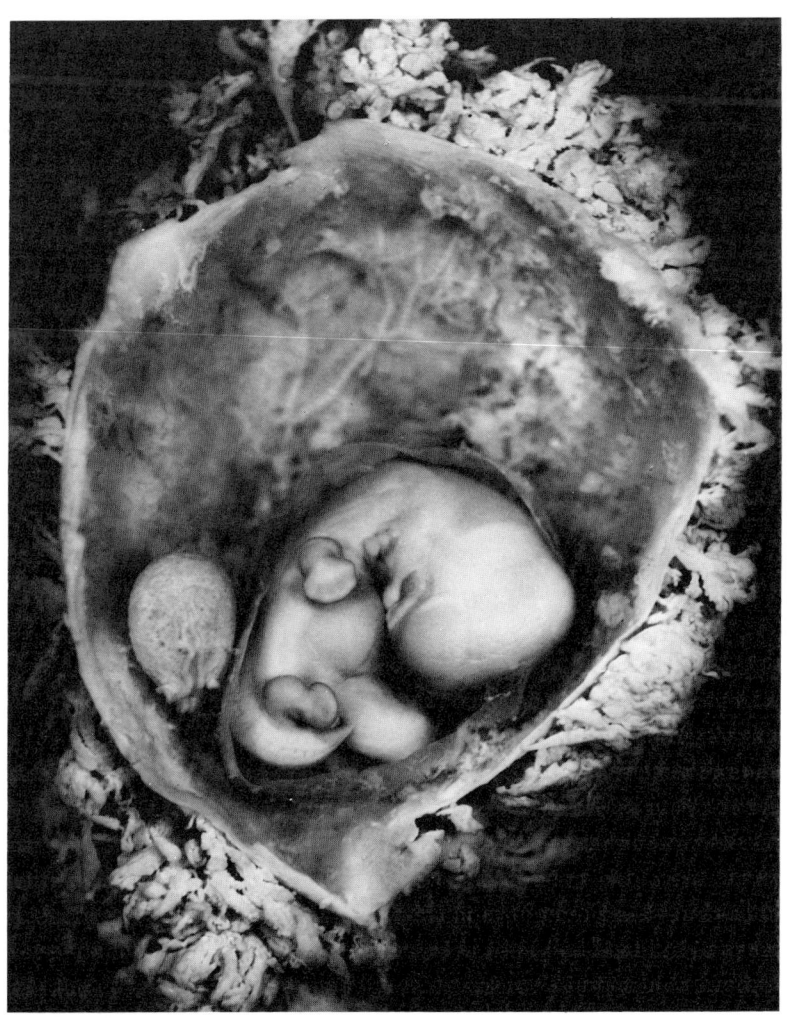

5   Am Anfang der siebten Woche (43. Tag) ist der Embryo 12 mm lang.
Die am unteren Rumpfende herausragenden Hüllengewebe des
langen Rückenmarks sind gut zu erkennen. Links außerhalb der
eröffneten Fruchtwasserblase (Amnion) liegt der stark durchblutete
Dottersack, von reichem Aderwerk bedeckt; er befindet sich in der
Phase nahezu größter Entwicklung. (Aus Blechschmidt.)

**25**

als unnötig gewordenes Überbleibsel aus der Embryonalentwicklung der vermuteten tierischen Vorfahren gedeutet, der bloß kraft der Vererbung funktionslos mitgeschleppt wird. Blechschmidt weist auf die schon vor ihm bekannte reiche Durchblutung der Dottersackhaut hin. Das stark geknäuelte Kapillarsystem spricht für eine aktive Funktionsleistung dieses Organes auch beim Menschen. So vermutet Blechschmidt aus dem Vergleich mit dem Kapillarnetz in typischen Hormondrüsen, daß der Dottersack ein funktionstüchtiges inkretorisches Organ ist, das wesentliche Regulationen des frühen Wachstums vermittelt. Schon vor Blechschmidt war bekannt, daß der frühe Dottersack Ort der ersten Blutbildung mit ist. Die Bildung von Dotter bei den genannten Tieren braucht ebensowenig Vorstufe für den menschlichen Dottersack zu sein wie die Kiemen des Fisches für unseren Kehlkopf oder das Geweih des Hirsches für unsere Stirnwölbung.

Als letztes Beispiel sei hier das viel zitierte Lanugohaar des menschlichen Fötus herangezogen. Hier haben schon 1910 Friedenthal und 1928 Poppelbaum klargestellt, daß dasselbe nichts mit dem tierischen Haarpelz zu tun hat. Man muß gerade hier nur die klaren Homologien beachten. Auch der Affenfötus hat im vergleichbaren Stadium die Lanugobedeckung, stößt sie aber ebenso wie der menschliche Fötus vor der Geburt schon wieder ab und entwickelt das volle tierische Haarkleid als eine zweite Haargeneration vor der Geburt (ebenso bei den Nestflüchtern: z. B. Huftiere und viele Raubtiere, oder bald nach der Geburt: Insektenfresser, viele Nagetiere). Die Ausbildung dieser zweiten, dem Tierpelz homologen Haargeneration unterbleibt beim Menschen mit Ausnahme des Kopfhaares. Ja, auch das Gorillakind wird, vom Kopfhaar abgesehen, ebenso haarlos geboren. Die zweite Haargeneration wird bei Mensch und Tier ebenfalls bald abgestoßen, um erst mit der dritten Haargeneration die endgültige Stufe des Tierpelzes zu erreichen. Beim Menschen tritt sie als seltene Mißbildung (Hypertrichose) auf. Erst die hypertrichotische Haarbildung des Menschen ist der bleibenden Tierbehaarung gleichzusetzen. Von einer homologen Vergleichbarkeit des sichtbaren Tierpelzes mit der menschlichen Fötalbehaarung im dritten und vierten Monat kann also keine Rede sein.

Überhaupt ist durch die Arbeiten Blechschmidts das evolutionstheoretische Konzept von den funktionslosen Embryonalorganen fragwürdig geworden. Blechschmidt hat oft darauf aufmerksam gemacht, daß sämtliche Organe, auch die, von denen man bisher annahm, daß sie erst nach der Geburt ihre Funktionen aufnehmen, sogleich im Zuge ihrer Entstehung ihre künftige Tätigkeit vorausnehmen, eben durch den Entstehungsvorgang selbst. Blechschmidt prägte hier den Begriff der »Wachstumsbewegung«. Das Auswachsen der Arme und Hände ist eine wachstümliche Zugreifbewegung. Das Einwachsen des Bronchialbaumes in den sich weitenden Brustkorb ist eine wachstumsmäßige Einatmung usw.: »Alle Organe funktionieren in jeder Phase ihrer Entwicklung. Es gibt keine funktionslosen Organe. Die ursprünglichste Funktion ist die Gestaltungsfunktion.« Die Bildung jedes Organes ist also selbst schon die erste Funktion desselben, von der die künftigen Funktionen nur die erweiterte Fortsetzung sind. »Generell gilt, daß bereits die Entstehung eines Organes der Beginn seiner Tätigkeit ist.«

So gut wie Blechschmidt das fragwürdige Muster darwinistischer Blickverengung korrigiert hat, so gut haben die Vertreter des anderen Lagers auch manche Blickenge Blechschmidts bemerkt. Wenn Blechschmidt schreibt: »Schon der einzellige menschliche Keim ist ein individueller Organismus«, und auf die Rückfrage nur der Hinweis auf den durch die Befruchtung verdoppelten menschlichen Chromosomensatz kommt, so steht ein solches Postulat von Individualität auf zu schwachen Füßen, weil es nicht naturwissenschaftlich beweisbar ist. Die menschliche Individualität besteht, wie das Wort und der Begriff sagen, in einer Unteilbarkeit, die im chromosomalen und zellularen Bereich nicht aufzufinden ist. Der doppelte Chromosomensatz kann sich später bei der Keimzellreifung wieder in zwei einfache Chromosomensätze trennen. Jeder Chromosomensatz kann sich sowieso bei jeder Zellteilung reduplizieren, und der schon mehrzellige Keim kann eineiige Mehrlinge im Verlauf der ersten zwölf Entwicklungstage erbringen. Von zwei eineiigen Geschwistern wird niemand als von *einer* Individualität sprechen, wenngleich sie erbgleich sind. Blechschmidt verwechselt den »individualspezifischen Stoffwechsel« der menschlichen Chromosomen damit, daß es sich beim Erbgut um vererbte, also gene-

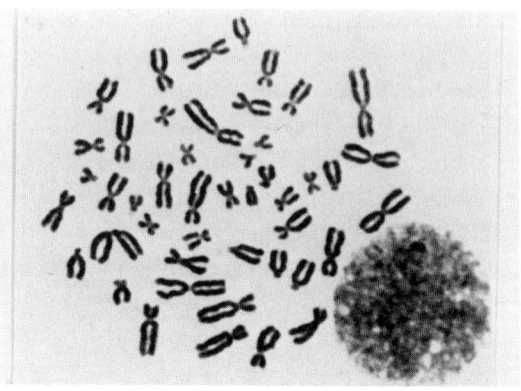

6  *Menschlicher Chromosomensatz aus einer normalen Zellteilung
(Mitose). Alle 46 Chromosomen zeigen Längsspaltung und damit
ihre Teilbarkeit an; rechts unten im Bild Zellkern vor der Kernteilung. (Aus Fuhrmann.)*

rationenspezifische oder allgemeiner: artspezifische Strukturen handelt. Das Artspezifisch-Menschliche ist nicht das Individuell-Menschli-
che. Auch findet sich in Blechschmidts Schriften und Vorträgen außer
der Berufung auf seine Erfahrung, daß schon die befruchtete Eizelle
rein menschlich aussehe, kein Hinweis, woran er das im Gegensatz zu
einem Menschenaffen-Ei feststellen konnte. Das andere Chromoso-
menmuster reicht als Antwort nicht, denn das ist nicht individual-, sondern artspezifisch. Der den Menschen mitumfassende Evolutionsgedanke ist jedenfalls nicht durch solche Verwechslungen abschaffbar.

Die andere Schwachstelle der Blechschmidtschen Darstellungen ist
die radikale Ablehnung des Biogenetischen Grundgesetzes. »Es ist ein
grober Irrtum, zu meinen, man könnte die Ontogenese aufgrund von
Darwins Entdeckung des Wandels der Arten mit der Phylogenese
erklären. Wer so denkt, gleicht einem Chemiker, der glaubt, er könne

z.B. die Rostbildung dadurch erklären, daß er historisch ermittelt, daß Eisen schon im Altertum rostete.« So suggestiv dieser Vergleich klingt, so hinkt er schwer, denn wir haben es im Leben nicht mit anorganischen, chemischen Vorgängen zu tun, wenn Entwicklung stattfindet. Ein anderes unzutreffendes Argument Blechschmidts wendet sich nur an das Wort, nicht an den inhaltlichen Begriff: »Es hat uns keineswegs überzeugt, daß die Geschichte der Lebewesen auf dieser Erde nur und nichts anderes als eine Evolution gewesen sei. Wenn Entwicklung nichts anderes wäre als Evolution, dann wäre sie, wie das Wort unmißverständlich betont, ein Prozeß mit einer einzigen Richtung nach außen, ein Herauswickeln, und damit zwangsläufig ein ständiger Fortschritt vom Einfachen zum Komplizierten.« Kein Evolutionist, ob materialistisch oder nicht, versteht heute unter Entwicklung ein bloßes Auswickeln, wie es die Präformisten im 18. Jahrhundert mit ihrer Einschachtelungstheorie vermuteten. Deutlicher treten die Denkmotive Blechschmidts in folgender Stelle auf: »Selbstverständlich weiß man auch in der Naturwissenschaft, daß das Wesen des Lebens tiefer liegt, als wir ahnen. Mit unseren bisherigen Untersuchungsmethoden fassen wir tatsächlich nicht das Leben, sondern nur einige seiner Äußerungen, z.B. seine Erscheinungsformen.«

Blechschmidt hat das Verdienst, die materialistische Interpretation des Biogenetischen Grundgesetzes in ihrer Fragwürdigkeit aufgedeckt zu haben. Er ist davon überzeugt, daß die Reduktion des Menschen auf das Modell eines Seitenastes der tierischen Evolution unsägliche inhumane Auswirkungen gehabt hat und weiterhin haben wird. Die Neutralisierung ethischer Bedenken gegen die beliebige Abtreibung und ihre zunehmende Praxis stehen ihm wohl bei seinen Schriften und noch mehr bei seinen jetzigen öffentlichen Vorträgen vor Augen. Jedes materialistische Verständnis des Menschen führt unweigerlich, nicht nur beim Embryo, zur technomorphen Manipulation, sondern im gleichen Sinne auch bei der Behandlung von Kindern, Jugendlichen und der Erwachsenenwelt zu den angewandten Methoden der Massenhaltung von mit Werbepsychologie beliebig dressierten Menschen. Diese sich dagegen wendende ethische Haltung kann man nur begrüßen und unterstützen.

Die Frage aber ist, ob die Gedankenformen, die dabei vertreten werden, dem Übel wirklich abhelfen. Bei dem bloßen Dualismus stehenzubleiben: auf der einen Seite mit einer physikalisch orientierten Entwicklungsmechanik aus Zug und Druck die embryonalen Entwicklungsvorgänge zu deuten und andererseits jede Erkenntnisfrage nach der Herkunft der geistigen Individualität des Menschen und ihrer Wirkung in der Evolution durch die Unterdrückung des Entwicklungsgedankens zu vermeiden, verhindert das konkrete Verständnis der menschlichen Existenz. Sie besteht ja gerade in der fortwährenden wechselseitigen Einwirkung der materiellen und geistigen Existenz aufeinander. Geist und Stoff bleiben solange im Denken dualistisch unverbunden, wie nicht der Vorgang der Brückenbildung wissenschaftlich möglich wird. Die Brücke ist nicht im Räumlichen der Stoffwelt und nicht im Ewigkeits-Charakter alles Geistigen zu finden, sondern im Wesen der rhythmisch gewordenen Zeitgestalt. Sie aber studieren wir in jeder Ontogenese. Die Zusammengehörigkeit aller Organismen wird durch den Evolutionsgedanken möglich, wenn die Gesamtevolution auch in ihrer Zeitgestalt erforschbar gemacht wird. Haeckel hat den Zusammenhang zwischen der individuellen Zeitgestalt und der evolutiven Zeitgestalt intuitiv, wie schon viele vor und nach ihm, gefaßt. Er konnte ihn als Zeitgenosse der Hochflut des wissenschaftlichen Materialismus allerdings nur materialistisch verkürzt interpretieren. Haeckel sind bei seiner ersten diesbezüglichen Veröffentlichung auch einige grobe Sachfehler unterlaufen, die auch Steiner klar beim Namen nennt.* Und doch war Steiner in dem damaligen Streit um die Entwicklungslehre wohl der einzige, der das Wesentliche vom Unwesentlichen emotionsfrei trennen konnte: »Haeckels Lehre ist groß, und Haeckel der schlechteste Kommentator dieser Lehre. Nicht indem man den Zeitgenossen die Schwächen Haeckels zeigt, nützt man der Kultur, sondern indem man ihnen die Größe von Haeckels phylogenetischen Gedanken darlegt.«** Wenn Blechschmidt schreibt: »Ontogenese ist Phänogenese, das heißt Änderung des Erscheinungsbildes, aber niemals Wand-

---

* siehe Anmerkung auf S. 126
** siehe Hemleben S. 165

lung des Wesens«, so will er dem platten Materialismus Haeckels, der menschliche Keim sei erst ein Tierchen, zuvorkommen. Aber zugleich verdunkelt er völlig die Geistseite des Menschen, denn sie besteht nur in der Veränderung seines Wesens. Das Sein ist nicht vor dem Werden, sondern es ist selbst immer nur schon das Gewordene. Geist hingegen ist immer tätiges Werden. Der Mensch ist nur Mensch, wenn er es wird und nie vorgibt, es fertig zu sein. Gerade dadurch ist seine Embryonalentwicklung besonders menschlich, daß er hierbei leiblich und geistig die intensivsten Veränderungen erfährt. Wir frugen schon: Sind dann die Tiere während ihrer Embryonalzeit schon dadurch dem Menschen näher, weil das Menschsein das nie Festgestellte beinhaltet? Sind deswegen auch noch die geborenen Säugetierkinder in ihrer Spiel- und Lernfreudigkeit so menschennah? Das Biogenetische Grundgesetz ist so die erste Schule für das heutige wissenschaftliche Denken, um es auch als psychogenetisches und kosmogenetisches Grundgesetz zu entdecken. Das ist schon in der ersten Veranlagung bei Thaer, Lessing und Kielmeyer der Fall. Lessing wendet die Denkbewegung der Rekapitulation auf die geistige Individualität des Menschen an und entdeckt die Denkbarkeit wiederholter Erdenleben nicht im orientalischen Sinne der immer gleichen Wiederkehr, sondern als unbegrenzte Offenheit zu Neuem.

Die materialistische Interpretation des Biogenetischen Grundgesetzes führte bis heute vielfach zur rationalistischen Abschaffung desselbigen, weil es keine starre, mathematische Theorie sein kann. Es wird zumeist nur noch aus »pädagogischen Gründen« beibehalten: zur platten Vermittlung der materialistischen Evolutionsauffassung. Die Ablehnung der Rekapitulationsideen überhaupt aber verunmöglicht andererseits die Erfassung der menschlichen Individualität, indem diese nur noch zum tradierten Glaubensinhalt eingeschränkt wird. Jeder Vortrag von Erich Blechschmidt, der eine Mutter veranlaßt, nicht abzutreiben, hat zwar gelohnt. Er wird nur auf die Dauer nicht helfen, wenn nicht die moderne Zivilisation die Denkfragen auf die Tatsache der wiederholten Erdenleben richtet. Erst die Anerkennung der Präexistenz der menschlichen Individualität vor ihrer Leibwerdung fügt die notwendige Verständnisseite zur von den Kirchen allein erlaubten

7   *Die Tierkinder der Warmblütler sind mit verhaltenerer Kieferpartie*
*und gewölbter Stirn menschenhafter als die geschlechtsreife Form:*
*Graugans, Vicugna, Schimpanse.*

Anerkennung der Postexistenz hinzu und gibt den moralischen Boden,
auf dem sich jeder Mensch in verantworteter Freiheit die Frage nach
dem Umgang mit dem ungeborenen Leben selbst stellen kann. Eine
dogmatische kirchliche Bindung macht die erkenntnismäßige Zuwendung zur Präexistenz des Menschen ebenso unmöglich wie die materialistisch verordnete Blindheit von der Theorie der alleinigen Existenz der
Materie.

   Rudolf Steiner bezeichnete die Idee von der gemeinsamen Evolution
aller Lebewesen »trotz aller deutscher Philosophie« als »die bedeutendste Tat des deutschen Geisteslebens in der zweiten Hälfte des
19. Jahrhunderts«*, und er stellte heraus, daß man sie nur ihrer frag-
würdigen, materialistischen Interpretation zu entkleiden braucht, dann
wird sie zum sinngebenden Selbstverständnis des Menschen, der durch

---

   * siehe Hemleben S. 165

seine wiederholten Erdenleben sich als ein entwickelndes Wesen verstehen kann, das die Evolution seiner Mitlebewesen in seiner vollen Verantwortung mitträgt. Die Tiere sind, wie schon der alte Anatom Andral bemerkte, vereinseitigte Abweichungen der menschlichen Evolution, womit auch die Zeitgestalt ihrer Embryonalentwicklungen sich verschob. Und doch ähnelt das Affenkind selbst noch nach der Geburt bis in seine rundköpfige Physiognomie deshalb mehr dem Menschen als das ausgewachsene Tier; und seine fötalen oder gar embryonalen Stadien zeigen noch deutlicher die Herkunft vom Menschenvorfahr. Im Aufwachsen wird das Tier erst ganz zum Tier und verliert die Fähigkeit des Werdens. Wie kein Tier ist aber der Mensch seinem ganzen Wesen nach das, was er ist, nur wenn er wird, wenn er in Entwicklung begriffen ist. Er trägt die Konstitution aller Entwicklung noch heute an sich. Die menschliche Embryonalentwicklung ist daher das lange verborgene und in unserem Jahrhundert entdeckte Urbild für die gesamte Evolution der Lebewelt von Pflanzen- und Tierreich, das in den konstitutiven Schritten seiner Embryonalentwicklung rekapituliert wird. Ausnahmslos gilt das Biogenetische Grundgesetz als echtes Gesetz allein, aber auch gerade nur, für die Embryologie des Menschen. Sie ist die lesbare Zeitgestalt der Gesamtevolution. Erst dadurch, daß wir uns unserer realen, evolutiven Verbundenheit mit allen Lebewesen auf der Erde herkunftsmäßig bewußt werden, ist uns auch die verbindliche Verantwortung für diese Lebenswelt auf der Erde in unserem Jahrhundert voll zugänglich.

Am Anfang steht die Vereinigung der Eizelle mit einer Samenzelle. Schon in dieser Aussage liegt nicht nur eine Beobachtung, die zwar für den Menschen erstmals 1944 im Mikroskop gemacht wurde, sondern ein durchgreifendes Theorem: der Zellbegriff. Als Zellen werden dem Anblick nach außerordentlich verschiedene Gebilde bezeichnet, seitdem Theodor Schwann 1839 äußerte, daß alle Pflanzen und Tiere aus Zellen bestehen. Als Zelle gilt jedes Gebilde, das Zellplasma, einen Zellkern und eine das Gesamtgebilde abgrenzende Membran aufweist. Die von Schwann behauptete und noch heute in allen Lehrbüchern vertretene *Allgemeine Zelltheorie* (eben: daß alle Organismen aus Zellen bestehen) ist aber weder bei Pflanze, Tier noch Mensch durchzuhalten. Recht häufig handelt es sich auch um Gewebe, die aus vielkernigen Gebilden bestehen, in denen die einzelnen Kern-Plasma-Bereiche nicht durch Membranen abgegrenzt sind. Aus solchen »Plasmodien« bestehen zum Beispiel die Fasern der gesamten quergestreiften Willkürmuskulatur des Menschen, und das ist ein erhebliches Volumen des menschlichen Leibes. Es gibt kräftig ausgebildete Meeresalgen, z. B. die Schlauchalge (Caulerpa), die ausschließlich aus einem durchgehenden Plasmodium mit vielen hunderttausend Kernen bestehen. Bei näherem Zusehen ist aber auch im üblichen sogenannten zellulären Gewebe eine volle Abgrenzung der Zellen untereinander nicht der Fall, sonst wäre die enge Zusammenarbeit derselben nicht möglich. Zwischen ihnen bestehen zahlreiche Plasmabrücken (Plasmodesmen), die, genaugenommen, nicht nur funktionell, sondern auch morphologisch das definierte Zellprinzip überspringen. Eine bloße Summe unabhängig nebeneinander lebender Zellen ergäbe keinen Organismus, sondern nur eine »Kolonie«.

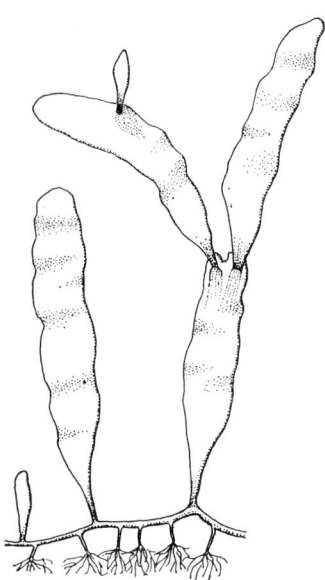

8 Die Schlauchalge Caulerpa wird handlang und besteht mit allen
Verzweigungen doch nur aus einem durchgängigen Plasma mit
zahllosen Kernen. (Nach Schenk.)

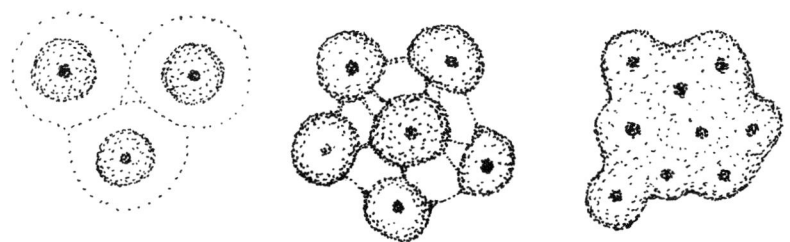

9 Mehrkernige Gebilde. Links: Kolonie aus unabhängig voneinander
lebenden Einzelzellen, die hier von ausgeschiedener toter Gallerte
äußerlich zusammengehalten werden. Mitte: Gewebe aus »Zellen«,
die durch Plasmabrücken (Plasmodesmen) miteinander verbunden
bleiben. Rechts: Plasmodium (früher auch Syncytium genannt),
bestehend aus einem gemeinsamen Plasma mit vielen Kernen.

Nur der Hang zum atomistischen Denken, das das Leben aus Einzelbausteinen additiv zusammensetzen möchte, ließ den Anspruch der Zelltheorie überleben, nicht die Erfahrung. Ein unreflektierter, unbewußter Wunsch, die Lebenswelt additiv nicht nur zu verstehen, sondern sie ebenso zusammenzusetzen und so künstlich manipulieren zu können, war hierzu der Vater des Gedankens. Die Beobachtung aber zeigt, daß alle Organismen, die aus echten Geweben bestehen, dieselben vielfach in einem ausgewogenen Zwischenzustand zwischen bloßer Zellkolonie und vollkommenem Plasmodium organisieren, so daß sich das zu einem Kern hinzugehörige Plasma ebenso um denselben sammelt, wie es die Verbindung zu dem benachbarten Kern-Plasma-Bereich hält. Dieser durch und durch rhythmisierte Feinbau kann sich einerseits zu Plasmodien (z. B. unsere meiste Muskulatur), andererseits zu Einzelzellen (z. B. Keimzellen) extremieren. Im ersteren Falle findet nach den Kernteilungen keine Plasmateilung, im zweiten Fall die totale Plasmatrennung statt. Von einer allgemeinen Zelltheorie der Organismen aber kann keine Rede sein, oder wir verstehen unter Zellen das, was der geistreiche Botaniker Julius Sachs 1892 als »Energide« bezeichnete: den funktional engen Zusammenhang von einem Kern mit dem direkt ihn umgebenden Plasma – gleichgültig, ob dieses morphologisch ganz, teilweise oder gar nicht von der benachbarten Energide abgeteilt ist. Faktisch wird heute zumeist im Sinne der Energide von Zellen gesprochen, so inexakt es auch ist. Hier müssen wir wieder den lebendigen Zusammenhang denken lernen, den die Natur uns zeigt, um vom »Denken mit Ziegelsteinen« wegzukommen.

Eine weitere wichtige Beobachtung machte 1884 Richard Hertwig, als er bemerkte, daß in den meisten lebenden Geweben die Größe der Zellkerne mit der Größe des zugehörigen Plasmas in einem bestimmten, für jede Art typischen Verhältnis steht. Größere Plasmen enthalten größere Kerne, kleinere Plasmen kleinere Kerne (Gesetz der artspezifischen Kern-Plasma-Relation). Dort, wo nun der Organismus ausnahmslos immer den einzelligen Zustand wiederherstellt, bei der Bildung der geschlechtlichen Keimzellen, geht jedoch die Kern-Plasma-Relation auffallenderweise verloren. Die Eizelle wird dadurch zur Eizelle, daß sie so viel Plasma bildet, daß der schon relativ große Eikern (Keimfleck) die normale Relation gar nicht mehr herstellen kann. Die Samenzellen hingegen reduzieren so sehr den Plasma-Anteil, daß er sich nur noch als extrem dünne Hülle um den Zellkern legt und zum Geißelfaden zusammenschnurrt.

In der weiblichen Zelle wird das Kern-Plasma-Verhältnis zugunsten des Plasmas, in der Samenzelle zugunsten des Kernes extrem verschoben. Erst 1841 bemerkten Kölliker für die Samenzelle und Remak für die Eizelle deren Zellcharakter. Wenn Lothar Vogel in den reifen Geschlechtszellen deshalb den Verlust der Zellnatur sieht, ist das überinterpretiert, denn alle konstituierenden Anteile einer Zelle sind jeweils vorhanden. Und doch ist die im normalen lebendigen Gewebe harmonische Abstimmung der Organellen bei beiden Zellarten verlorengegangen.

Um so sprechender ist es, wie der Organismus solche Polarisierungen überhaupt ausbilden kann. Die Samenzellen können nämlich nur in Plasmodien ausreifen, in den sogenannten Sertoli-Zellen, die währenddessen besonders auffällig plasmareich werden und in einer Plasmazunge vielen Spermien zur Endausbildung verhelfen. Die Eizelle hingegen wächst mit Hilfe von sie umgebenden Zellen heran, die in großer Zahl mit wenig Plasma und viel Kernen sie als »Corona radiata« umgeben. Die jeweiligen Hilfszellen ergänzen, was die Geschlechtszellen bei ihrer Ausreifung selbst zu leisten unvermögend geworden sind! So aber können sich die Keimzellen beim Menschen derart extrem polarisieren, daß eine Samenzelle nur 1/100000 des Eizell-Volumens darstellt.

Mit der Befruchtung vollzieht sich ein biologischer Ausnahmevorgang. Jeder höhere Organismus – das ist durch die Schwierigkeiten von Organtransplantationen allgemein bekannt geworden – stößt jegliches Fremdeiweiß durch Immunreaktionen ab und zerstört es. Der lebendige Chemismus von Ei- und Samenzelle, obgleich von verschiedenen Individuen stammend, schließt sich aber gegenseitig nicht aus. Das bedeutet, daß die individualisierte Eiweißstruktur, die dem ausgebildeten Organismus eignet, noch nicht vorliegt, ja durch die Zerstörung jeglicher Kern-Plasma-Relation aufgehoben wurde. Rudolf Steiner sprach häufig (GA 205, 226) von einer Chaotisierung des Keimzell-

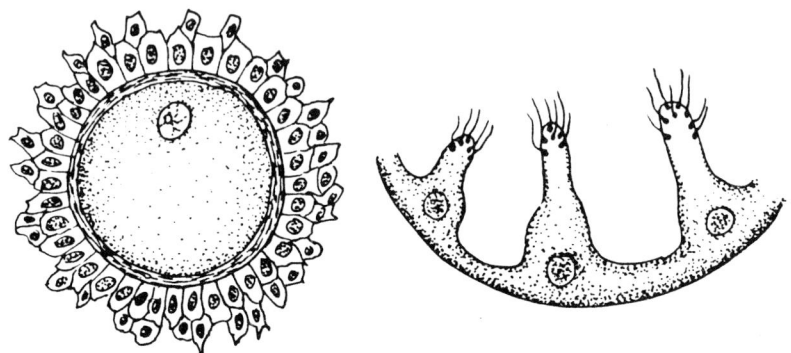

10 Links: Reife menschliche Eizelle nach der Ovulation, von der
schmalen Zona pellucida, einer durchsichtigen Gallerthülle, und
vielen plasma-armen Hilfszellen umgeben, die die Corona radiata
bilden und bei der Ausreifung der Eizelle beteiligt waren. Rechts:
Sertoli-Plasmodium aus der Wandung der Hodenkanälchen, in
dessen Plasmafortsätzen die Samenzellen ausreifen.

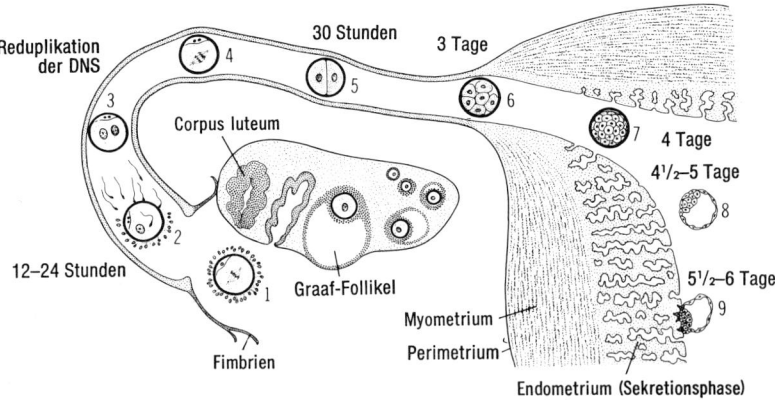

11 Entwicklung und Wanderung des menschlichen Keimes in der
ersten Woche vom Eisprung (1) bis zur Einnistung (9). (Aus
Langman.)

**38**

Eiweißes. Die Möglichkeit der Fremdbefruchtung ist davon der unmittelbare Ausdruck.

Mit der Aufnahme des Spermienkernes ist der relative Mangel an Kernsubstanz im Ei im ersten Schritt gemildert. Das aber immer noch bei weitem überwiegende Plasma wird nun in den rasch einsetzenden Zellteilungen ohne Plasmawachstum auf viele sich rasch vermehrende Kerne verteilt. Diese sogenannte Furchung stellt nämlich die normale Kern-Plasma-Relation wieder her. Ändert man experimentell an befruchteten Tiereiern (z. B. von Seeigeln) die Plasmamenge durch Wegnahme von Eifragmenten, so werden weniger Kerne und damit Zellen gebildet: die Zellanzahl entspricht der Ausgangsgröße des Eiplasmas (Seidel 1953). Mit der wiederhergestellten Kern-Plasma-Relation geschieht die weitere Entwicklung im engsten Zusammenspiel beider Wirkbereiche. Von nun an kann erst von einem organisierfähigen Keimgewebe gesprochen werden. Das Plasma lebt in der Zeitrhythmik und ist der Eingriffsraum des Ätherischen. Die Kerne vermitteln die überzeitliche artspezifische Ordnung und allen Zugriff des Astralischen – wenn es hier schon erlaubt ist, die anthroposophische Begriffsbildung einzubringen. *

Der erste zelluläre Aufbau des werdenden Organismus ist also – das muß man sich mit aller Konsequenz verdeutlichen – nicht eine zunehmende Addition von Zellen, sondern eine Division von der Einheit der befruchteten Eizelle in die Vielheit von zwölf bis sechzehn in Kontakt bleibenden Einzelzellen, die den gleichgroßen Maulbeerkeim, die Morula, darstellen. Diese wandert durch den Eileiter zur Gebärmutter, vom Wimpernschlag des Flimmerepithels der inneren Eileiterwand vorwärtsbewegt. Dabei besteht schon ein vollgültiger wechselseitiger Kontakt mit dem mütterlichen Organismus auf humoralem Wege (durch gelöste Botenstoffe). So steht der wandernde Keim unter der Einwirkung der Gelbkörperhormone des Eierstockes und der Gelbkörper wiederum unter dem Einfluß der Stoffausscheidung der Morula (Seidel 1968).

Mit dem Verlust der Zona pellucida etwa am 5. Entwicklungstag geht eine erste Gestaltfindung einher: die Flüssigkeitsspalten zwischen den

---

* siehe 3. Kapitel

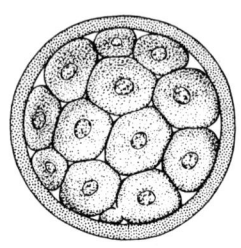

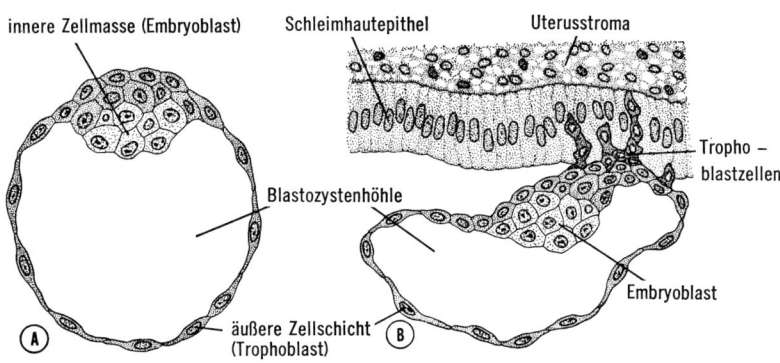

innere Zellmasse (Embryoblast)   Schleimhautepithel   Uterusstroma

Blastozystenhöhle

Tropho – blastzellen

Embryoblast

**A**    äußere Zellschicht (Trophoblast)    **B**

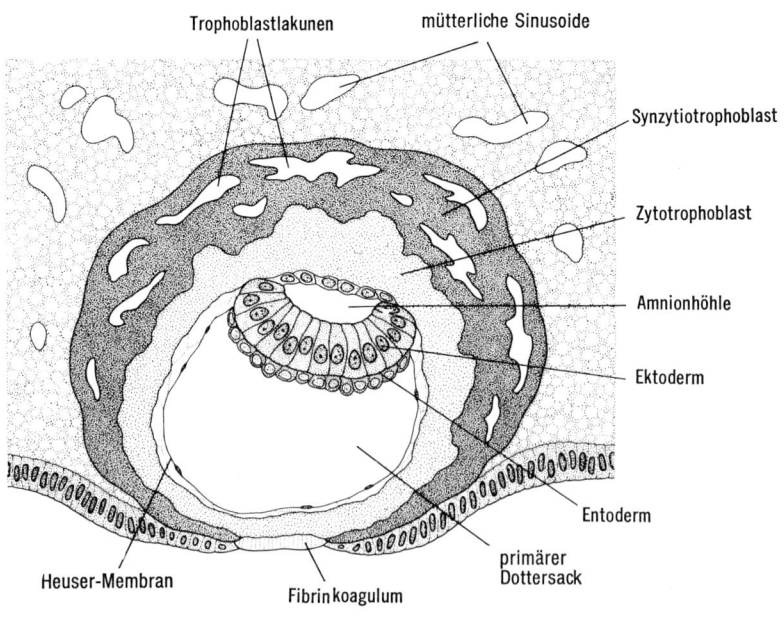

Trophoblastlakunen    mütterliche Sinusoide

Synzytiotrophoblast

Zytotrophoblast

Amnionhöhle

Ektoderm

Entoderm

primärer Dottersack

Heuser-Membran    Fibrin koagulum

**40**

Zellen fließen zu einem zellfreien Hohlraum zusammen und machen den Keim zur Keimblase. So lagert sich fast alles Keimmaterial zu einer stark vergrößerten Oberfläche, dem Trophoblast (Nährschicht) zusammen: der Keim weitet sich. Zugleich hält er aber einen kleinen Anteil von Zellen kompakt zusammen, den Embryoblasten (Embryonalknoten). Aber auch aus ihm wird insgesamt nicht der Embryo hervorgehen, sondern vorerst weitere innere Hohlräume: das Amnion und der Dottersack. Forschungen an Säugetierkeimen haben ergeben, daß Trophoblast und Embryoblast jeweils alleine sich nicht voll weiterentwickeln können, sondern beide auf ihr Vorhandensein wechselweise angewiesen sind (Petzoldt).

Gegen Ende der ersten Woche, am 6. Tag, setzt sich die Keimblase zumeist an der oberen inneren Wandung der Gebärmutter fest und wird von deren Schleimhaut überwachsen. Mit dieser Einnistung (Nidation) beginnt ein intensivierter Kontakt zum mütterlichen Organismus durch unmittelbare Gewebeberührung. Theoretisch müßte derselbe den vom Erbgut der Samenzelle her fremdartigen Keim durch eine heftige Immunreaktion wie jedes fremde Eiweiß abstoßen. Das geschieht auch in selteneren Fällen bei einer solchen immunologisch verursachten Sterilität. Im allgemeinen aber hält sich die Immunabwehr des mütterlichen Organismus deutlich zurück, sonst könnte nicht über viele Monate hin der Aufbau und die Funktion des die Mutter und das Kind verbindenden Mutterkuchens (Plazenta) statthaben. Weiter ist bedeutsam, daß die Einnistung nicht der Schwere nach, sondern normalerweise im oberen Uterusteil erfolgt. Findet sie unten am Uterusausgang statt, so bildet sich die den Geburtskanal versperrende Plazenta prae-

12 *Frühe Keimesstadien. Oben: menschliche Morula am 4. Tag, noch umgeben von der Zona pellucida, die dann verschwindet. Mitte: A menschliche Keimblase (Blastocyste), etwa 4½ Tage alt; B Beginn der Einnistung einer Keimblase des Rhesusaffen. Unten: menschliche Keimblase, etwa 9 Tage alt nach erfolgter Einnistung in die Uterusschleimhaut. Der Embryoblast hat sich in das Ektoderm (mit erster Amnionhöhle) und Entoderm differenziert. (Aus Langman.)*

41

via, deren Lage bei der Geburt lebensgefährlich ist, wenn nicht operativ geholfen wird.

Nach der Nidation bilden sich im Embryoblasten der Keimblase – wie schon erwähnt – weitere Hohlbläschen aus, so die Fruchtblase (Amnion), in der der künftige Embryo und Fötus – schwerelos getragen – im Fruchtwasser schwimmen wird, und der Dottersack, der mit als erster Ort der Blutbildung und wohl auch als embryonale Hormondrüse fungieren wird. Aus der Anzahl sich trennender Furchungszellen, mehrerer Embryoblasten in einem Keim oder mehrerer Dottersackanlagen in einem Embryoblasten entscheidet es sich bis etwa zum 12. Tag, ob es zu einer eineiigen Mehrlingsbildung kommt. Beim Menschen sind bis zu eineiige Fünflinge bekannt geworden (Starck). Mehreiige Mehrlinge werden heute vermehrt geboren, wenn mit ovulationsfördernden Hormonen behandelt wurde oder nach Absetzen von Ovulationshemmern Polyovulation kompensatorisch eintritt. Die Zwillingshäufigkeit liegt bei 1 % der Geburten, davon sind nur 20 % eineiig. Bis zum 12. Tag entscheidet sich aber nicht nur der Ein- oder Mehrlingscharakter des Keimes, sondern auch, ob überhaupt die eigentliche Leibesbildung einsetzt. Wenn nicht, so bleibt es bei der Hohlkeimbildung, die in Bälde abstirbt; die begründeten Schätzungen der Embryologen gehen dahin, daß etwa die Hälfte aller gezeugten Keime im frühen Stadium ihre Entwicklung einstellen und unbemerkt mit der Menstruation abgehen (Langman). Bilden sich also mehrere Dottersackanlagen am Amnion, so werden eineiige Mehrlinge heranwachsen. Gegen Ende der zweiten Woche wird der Keim also endgültig zur eigenständigen Lebensorganisation determiniert.

Wo aber setzt nun die Leibbildung an? Eben an der noch äußerst winzigen Berührungsfläche von Amnion und Dottersack. Der Amnionanteil wird zur ersten Außenhaut, dem Ektoderm, und läßt Oberhaut, Nervensystem und Anteile der Sinnesorgane aus sich hervorgehen. Der Dottersackanteil wird zur »Innenhaut«, dem Entoderm, das den gesamten Verdauungstrakt mit seinen Anhangsorganen (Leber, Galle, Pankreas) ausbilden wird. Dazwischen schiebt sich während der ersten Hälfte der dritten Woche von der Außenhülle des Keimes, dem Trophoblasten, über den Haftstiel das mittlere Keimblatt, das Mesoderm, zwischen Ektoderm und Entoderm ein, wandert aber auch vom hintersten Ektoderm (aus dem Primitivstreifen) und später aus dem vordersten Ektoderm (Mesektoderm der Neuralleiste) ins Mesoderm ein. Aus diesem werden die wichtigsten Organe des rhythmischen Systems gebildet: Blutkreislauf, Herz, Muskulatur, Knochensystem, Nieren und Genitalorganisation; die Lunge entsteht im Übergangsgebiet zwischen Rachenektoderm und oberem Speiseröhrenentoderm ebenfalls als eine »mittlere« Bildung.

Ein auffälliger, eingreifender Entwicklungsschritt ist dabei der Übergang von dem flächigen Keimschild zur raumfüllenden Gestalt des werdenden Leibes. Er liegt um den 18. Tag. Dabei ist zu beachten, »daß gerade in der normalen Frühentwicklung auch zahlreiche individuelle Abweichungen und Varianten auftreten« (Starck, S. 221, 229), so daß man zuerst manche frühen menschlichen Keime für abnorm hielt, bis man merkte, daß die individuelle Schwankungsbreite um Tage unterschiedlich sein kann. (Beim Rhesusaffen waren hingegen leicht eindeutige chronologische Normentafeln für die Embryonalentwicklung zu erstellen; Heuser u. Streeter).

Noch rascher als diese Organbildungen wächst die Trophoblasthülle, die sich allseitig mit Zotten besetzt und so zum »Chorion« wird, das sich hinwiederum etwa vom dritten Monat an zur zottenlosen »Serosa« und zur zottenreichen scheibenförmigen Plazenta differenzieren und umformen wird. Vorerst aber im ersten und zweiten Monat ist der Embryo ein kleines inneres Anhängsel einer sehr viel größeren Keimblase. Ihre Bildung und Ausbildung dominiert vorerst gegenüber der Leibbildung. Immer wieder muß man sich klarmachen, daß sie ebenfalls aus kindlichem Gewebe besteht, nicht nur der viel kleinere Embryo. Was hat es mit dieser besonderen Ausbildung eines umfassenden peripheren Hohlorganes auf sich, das mehr als der Embryo selbst das Leben des Keimes verwirklicht?

Die anthropologische Naturwissenschaft sieht in den kindlichen Hüllen nur »Anhangsorgane«, die der »Anpassung« an das intra-uterine Milieu dienen. Sie seien bloß Hilfsorgane des Embryo. Die anthroposophische Geisteswissenschaft reißt eine viel größere Dimension dazu

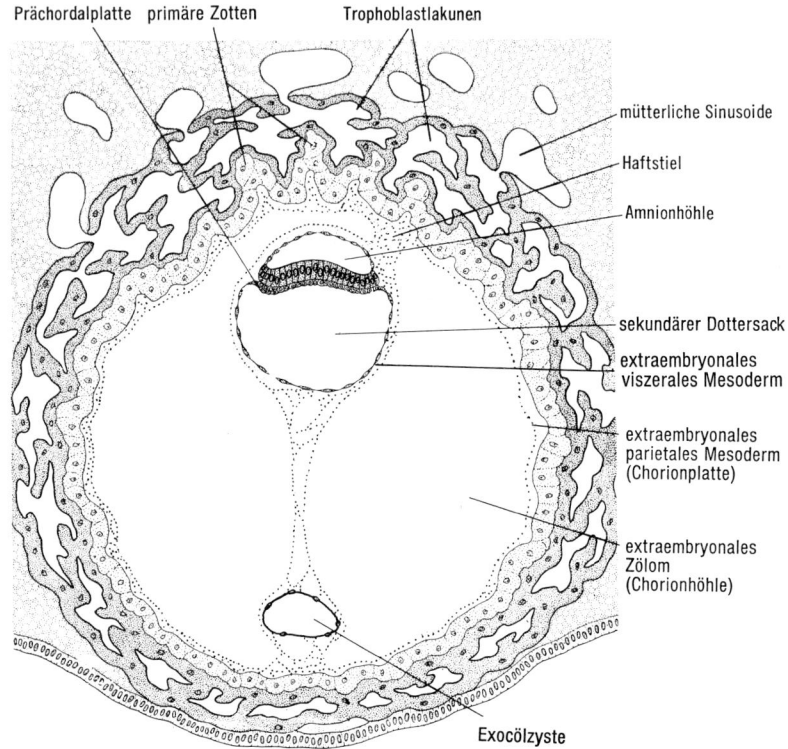

Prächordalplatte  primäre Zotten  Trophoblastlakunen

mütterliche Sinusoide

Haftstiel

Amnionhöhle

sekundärer Dottersack

extraembryonales
viszerales Mesoderm

extraembryonales
parietales Mesoderm
(Chorionplatte)

extraembryonales
Zölom
(Chorionhöhle)

Exocölzyste

13  *Keim im Alter von 13 Tagen. Die Nährschicht (Trophoplast) des*
*Embryo hat sich allseitig zur Aufnahme der in den mütterlichen*
*Sinusoiden dargebotenen Nährstoffsubstanzen weiterentwickelt.*
*Neben dem primären Dottersack (= Exocölcyste) hat sich ein*
*neuer, sekundärer Dottersack gebildet. (Aus Langman.)*

**44**

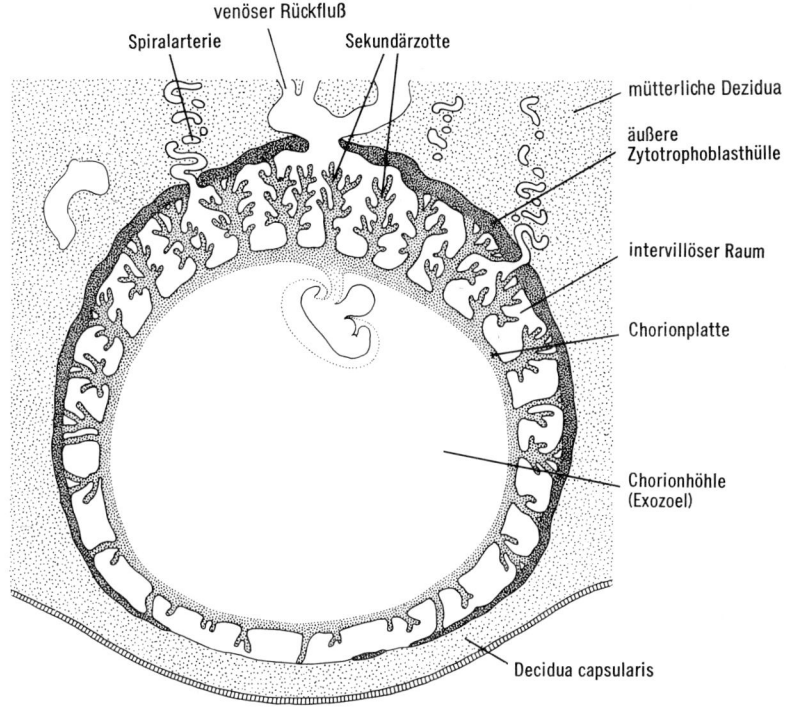

venöser Rückfluß
Spiralarterie
Sekundärzotte

mütterliche Dezidua

äußere
Zytotrophoblasthülle

intervillöser Raum

Chorionplatte

Chorionhöhle
(Exozoel)

Decidua capsularis

14  Der sphärische Keim mit dem kleinen Embryo etwa am 30. Tag. Die
    Zottenbildung ist umfassend im Gange (natürlicher Durchmesser
    der Keimblase ca. 3 cm). (Aus Langman.)

auf, zu der wir uns über die Wirklichkeit und Wirksamkeit der eigenen Individualität, des Ichs, Klarheit schuldig sind. In einem Vortrag auf dem Philosophenkongreß 1911 in Bologna beschrieb Rudolf Steiner das Wesen des menschlichen Ichs. Es lebt, sich selbst am klarsten überschauend, im denkenden Erkennen der Welt. Am Beispiel des mathematischen Denkens, das sinnlichkeitsfrei in innerer Schlüssigkeit und selbst geforderter Widerspruchslosigkeit vom Bewußtsein betätigt wird, das andererseits aber auch die von ihm gefundenen Gesetze in der umgebenden Welt ebenso vollgültig vorfindet, ohne daß sich die Gesetzlichkeit ändert, schildert Rudolf Steiner, daß das Ich gar nicht Leibinhalt, sondern Weltinhalt ist. Der Leib ist nur Spiegelapparat, um dem in der Welt lebenden und wesenden Ich ein Bewußtsein seiner selbst wie der Weltgesetzlichkeit zu geben: »...man wird deshalb zu einer besseren Vorstellung über das ›Ich‹ erkenntnistheoretisch gelangen, wenn man es nicht innerhalb der Leibesorganisation befindlich vorstellt, und die Eindrücke ihm ›von außen‹ geben läßt; sondern wenn man das ›Ich‹ in die Gesetzmäßigkeit der Dinge selbst verlegt und in der Leibesorganisation nur etwas wie einen Spiegel sieht, welcher das außer dem Leibe liegende Weben des Ich im Transzendenten dem Ich durch die organische Leibestätigkeit zurückspiegelt.« (GA 35)

Zweierlei wichtige Inhalte für das Selbstverständnis des Menschen sind damit bezeichnet. Zum einen wird deutlich, daß Ichanwesenheit und das Bewußtsein des Iches von sich selbst nicht miteinander identisch sind. Davon kann sich jeder in der alltäglichen Erfahrung überzeugen, wenn er morgens aufwacht. Man ist sich doch ganz sicher, einige Stunden lang kein Bewußtsein seines Iches gehabt zu haben und doch weiß man sich mit der eigenen Personalität ungebrochen wieder identisch, deren man sich auch am vorhergegangenen Tage bewußt war. Die Bewußtlosigkeit des Schlafes unterbricht nicht die existentielle Kontinuität unserer Ichidentität. – Zum anderen aber wird deutlich, daß das übliche Ichbewußtsein nur vermittels des Leibes, insbesondere vermöge einer temporären Großhirnleistung, gegeben ist, dagegen nicht die Ichkontinuität selbst. Das wahre, tätige Ich – entgegen dem nur reflektierenden Ich – lebt nicht im Leibe, sondern in den Weltinhalten als übersinnliche, nichtinkarnierte Wesenheit.

Von dieser einerseits leibzentrierten und andererseits weltverbunde-
nen Doppelnatur des Ichs haben manche Denker und Dichter der Neuzeit gewußt und mehr noch geahnt; wohl als erster schon Johannes
Scheffler, bekannt als der Mystiker Angelus Silesius, am Beginn der
erwachenden Neuzeit, wenn er schreibt:

Ich weiß nicht, was ich bin, ich bin nicht, was ich weiß:
Ein Ding und nicht ein Ding: ein Tüpfchen und ein Kreis.

Rudolf Steiner* machte die ihn um Rat bittenden Ärzte einmal darauf
aufmerksam, daß das höhere, periphere Ich jedes Menschen, der zeitlebens geistig bleibende Sphärenmensch, auch für eine kurze Zeit einen
physischen Leib hat: das seien die Embryonalhüllen. Sie sind immer
sphärisch gebildet. Durch sie ist auch der höhere Mensch an der Ausbildung des Keimes mit tätig. So überwiegt zuerst das physische Organ
des geistig aus dem Kosmos wirkenden Sphärenmenschen. An dem das
Selbstbewußtsein später aufspiegelnden Körper bildet sich hingegen
nichts eher, schneller und größer aus als eben das zentralisierte Nervensystem mit dem beim Menschen besonders mächtigen zusammen-
gestauten Großhirn.

Erst mit der Geburt des Erdenmenschen stirbt der Leib des Sphärenmenschen ab, die Nachgeburt. Von da an beginnt im Menschen der
Zwiespalt seiner höheren und leibgebundenen Existenz, die nicht mehr
eins sind. Ja, diese Spannung macht ihn zum lebenslang suchenden
und strebenden Menschen, eben zum Erdenmenschen. Friedrich Schil-
ler brachte diese menschliche Urerfahrung in seinen Briefen *Über die
ästhetische Erziehung des Menschen* in die Worte: »Jeder individuelle
Mensch, kann man sagen, trägt, der Anlage und Bestimmung nach,
einen reinen, idealischen Menschen in sich, mit dessen unveränderli-
cher Einheit in allen seinen Abwechslungen übereinzustimmen die
große Aufgabe seines Daseins ist.« Und Friedrich Rückert dichtete:

Vor jedem steht ein Bild dess', was er werden soll.
Solang er das nicht hat, ist nicht sein Friede voll.

* GA 316

Rudolf Steiners Entdeckung ist, daß dieser höhere Mensch schon vor der Geburt in den ersten Anfängen leiblich, wenn auch verborgen da ist, unabhängig von den Vererbungskräften, die den Embryo gestalten:

»Dieser Körper, den er aus der Vererbungslinie heraus hat, der ist ein Modell, den hat er als Modell. Nun nimmt er die irdische Substanz in diesen Körper hinein. Diese irdische Substanz, die der Mensch in seinen Körper hineinnimmt in den ersten sieben Jahren, die würde er zu einer ganz anderen Form verarbeiten, wenn er nur arbeiten würde nach den Kräften, die er sich mitbringt aus dem vorirdischen Dasein. Er würde eine ganz andere Wesensgestalt hervorrufen. Er kommt nicht hinein, wenn er geboren wird, mit der Tendenz, einen solchen Menschen zu gestalten, mit Augen, Ohren, Nase, wie der ist, der auf der Erde steht. Er kommt hinein mit der Tendenz, den Menschen so zu gestalten, daß er im Grunde genommen sehr wenig durch seine vorirdische Wesenheit vom Kopf aus gestaltet wird. Gerade auf das übrige wird die größte Sorgfalt verwendet. Das, was im Embryonalleben verkümmert ist, wird ausgebildet im Astralischen\*, in der Ich-Organisation. So daß man, wenn man den physischen Embryo hat, sagen muß: Dieses Physische im Embryo, das ist allerdings wunderbar ausgebildet, aber daran hat der vorirdische Mensch zunächst den wenigsten Anteil. – Dagegen hat der Mensch, der vorirdische Mensch, den größten Anteil an alldem, was rundherum ist. Da drinnen lebt der vorirdische Mensch, in dem, was im Physischen eigentlich abgebaut wird, und als Abgebautes, Chorion, Amnion und so weiter, weggeht. Da drinnen lebt der vorirdische Mensch.«

Eine solche Darstellung gibt eine ganz neue Haltung zu den so leicht als nebensächlich verkannten Hüllorganen. Sie läßt uns auch wieder verstehen, welchen tiefen Respekt die noch in alten Formen von stammesgebundener Geistigkeit lebenden Menschen der Nachgeburt zollten. So wird von den Iraku in Ostafrika berichtet, daß der Mann einer Frau, die geboren hat, rituelle Opferhandlungen vollzieht, um »die Nachgeburt zu beschwichtigen, daß sie ihm keinen Schaden bringen

---

\* Damit ist das niedere Seelenleben bezeichnet; siehe 3. Kapitel

soll« (Kohl-Larsen). Und noch heute wird z. b. von den Favelados, der einfachen Bevölkerung in Brasilien, nach der Geburt sorgfältig mit der Plazenta umgegangen, indem diese von der Mutter mit mythischen Schutzvorstellungen eigenhändig begraben wird (Craemer).

Was sind nun die wichtigsten Entwicklungsschritte der Leibbildung selbst? Erwähnt wurde schon das erste Ausgangsmaterial dafür: die Berührungsflächen von Amnion und Dottersack. Diese winzige, nur etwa 1 mm große Keimscheibe bildet am hinteren Ende den Primitivstreifen und Primitivknoten aus und verändert sich vom 14. bis 17. Tag nicht nennenswert. Mit etwa dem 18. Tag aber setzen kräftige Wandlungen ein. Im Randgebiet der Keimscheibe sowie im Dottersack und Chorion bilden sich die ersten Blutinseln, die rasch zu ersten Adern zusammenfließen und bald einen gemeinsamen Kreislauf von Embryoanlage und Hüllenorganen bilden; schon am 21. Tag beginnt das Herz, vorerst eine ausgebuchtete Aderschlinge, zu pulsieren. Mit dem 18. Tag erhebt sich auch ein Teil des Ektoderms zur sichtbaren Nervenanlage (Medullarplatte), die sich bald röhrenartig schließen wird, sehr früh zu Gehirn und Rückenmark wird und so die achsiale Körpergrundgestalt gibt. Dann verengt sich auch der Dottersackstiel und wird in seinem intraembryonalen Entoderm zur Anlage des inneren Stoffwechseltraktes. So werden die wichtigsten Innenorgane des wachsenden Körperchens schon während der zweiten Hälfte der dritten Woche gebildet, also zu einer Zeit, wo die Mutter fünf Wochen nach der letzten Regel (die Befruchtung kann zwar nahezu zu jeder Zeit des Monatszyklus stattfinden, zumeist jedoch zwei Wochen nach der letzten Regelblutung) die Gewißheit bekommt, ein Kind zu tragen.

Eine neue wichtige Stufe der Entwicklung ist der Übergang vom Embryo zum Fötus. Er findet Ende der siebten Woche statt. Die Embryonalzeit ist die Zeit der Organbildung. Die weitere Ausbildung und Vergrößerung der Organe gehört der Fötalzeit an. Man kann nun eine Reihe bedeutungsvoller Umstellungen für diese Entwicklungsschwelle des erst etwa 1,8 cm großen Keimlings anführen. Die auffälligste ist, daß in dem bisher völlig weichen, durchscheinenden Leibeskörper die ersten festen Substanzen als Knochenmaterial eingelagert werden:

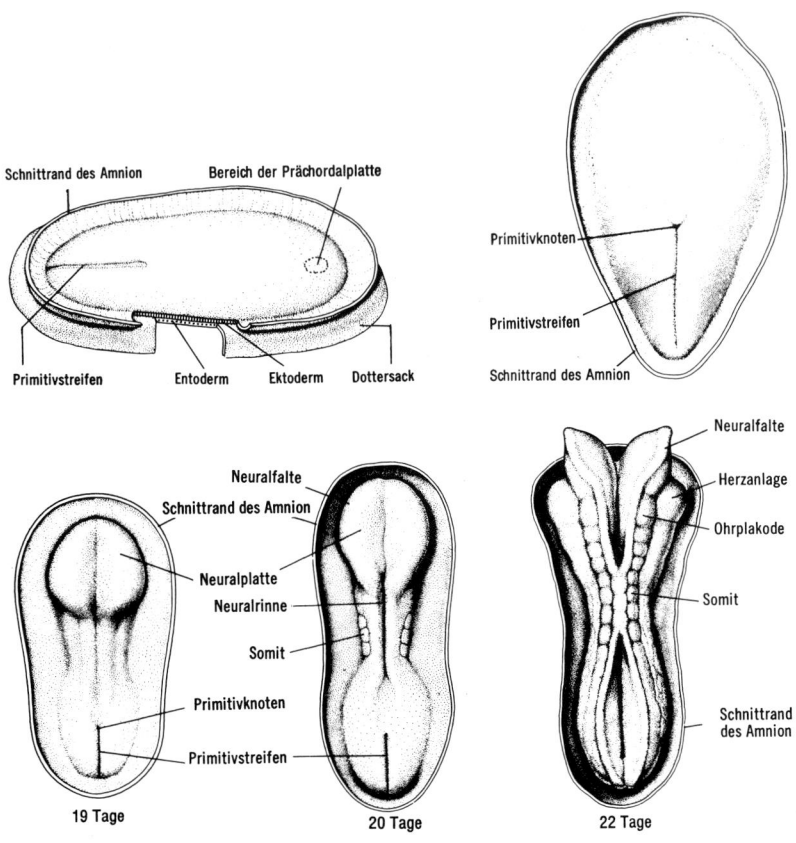

Schnittrand des Amnion — Bereich der Prächordalplatte

Primitivstreifen — Entoderm — Ektoderm — Dottersack

Primitivknoten

Primitivstreifen

Schnittrand des Amnion

Neuralfalte
Schnittrand des Amnion

Neuralplatte
Neuralrinne

Somit

Primitivknoten

Primitivstreifen

19 Tage

20 Tage

Neuralfalte

Herzanlage

Ohrplakode

Somit

Schnittrand
des Amnion

22 Tage

15  Oben links: Keimscheibe seitlich schräg von oben betrachtet, etwa
am 14. Tag. Daneben: Keimscheibe von der Rückenseite betrachtet
mit dem Kopfpol oben, am 18. Tag; Dottersack und Amnion sind
gleicherweise entfernt worden. Unten von links: Rückenaufsicht
der werdenden Körperanlage etwa am 19., 20. und 22. Tag; die Ein-
stülpung des Rückenmarkrohres und Gehirnes ist verfolgbar. (Aus
Langman.)

**50**

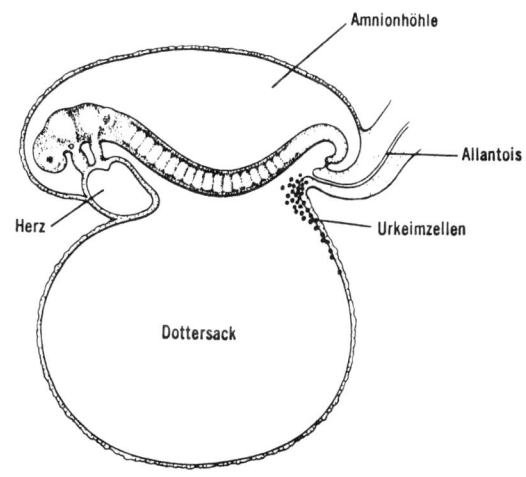

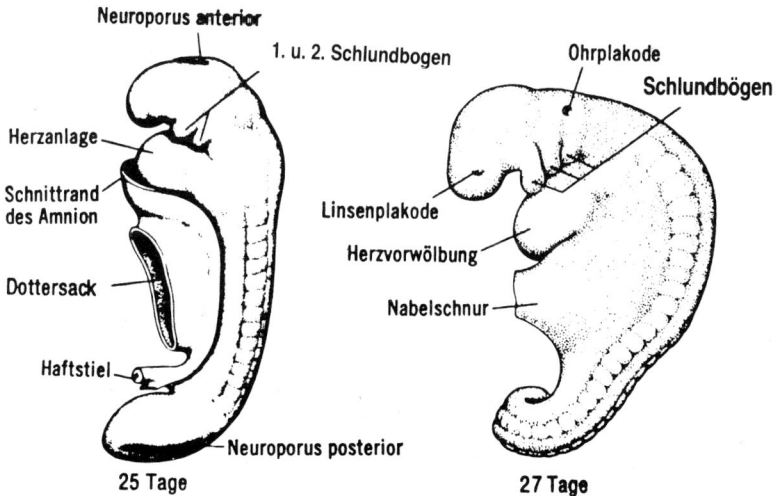

16 Bildung des Embryo zwischen Fruchtblase (Amnion) und Dottersack in der 4. Woche. Oben: die große, hochstehende Herzanlage
pulsiert schon seit dem 21. Tag. Unten: der Embryo beginnt sich
einzukrümmen, die Schlundbögen werden sichtbar, die Ohr- und
Augenbildung setzt ein; 25.–27. Tag. (Aus Langman.)

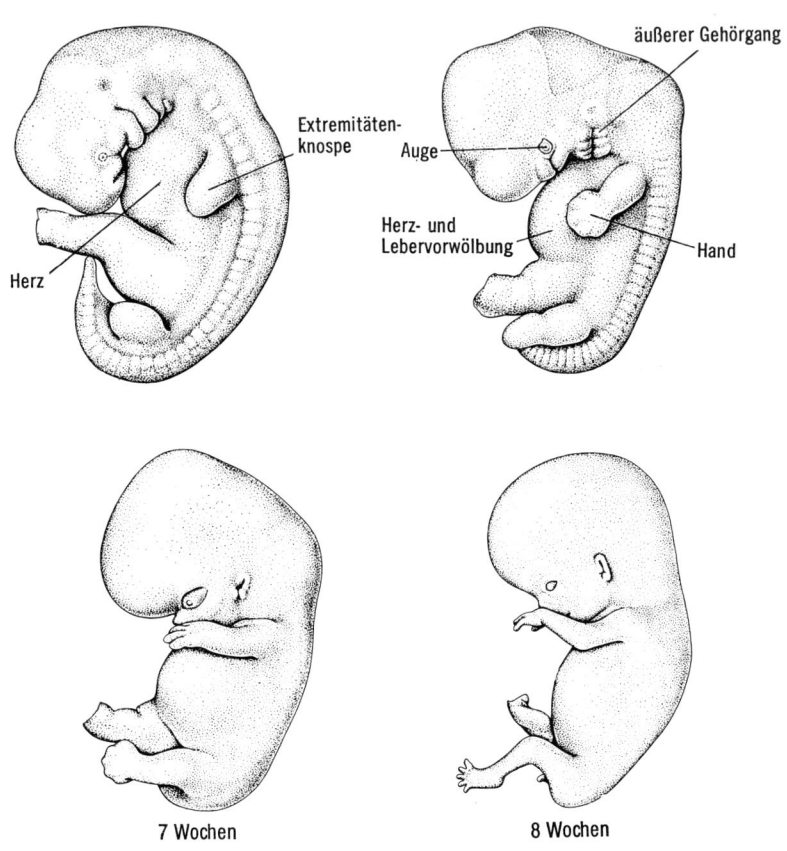

Extremitäten-knospe

Auge

Herz

äußerer Gehörgang

Herz- und Lebervorwölbung

Hand

7 Wochen

8 Wochen

17 Oben links: auch nach der 5. Woche (35 Tage) ist der Keim erst 7 mm lang. Daneben: um den 42. Tag (13 mm lang) vergrößern sich nach dem Herzen auch Gehirn und Leber stärker; Arme und Beine setzten sich von den großen Hand- und Fußanlagen ab. Unten links: der siebenwöchige Embryo (18 mm) wird zum Fötus; die Augen wandern nach vorn, die Ohrmuscheln bilden sich, die erste Knochenablagerung setzt ein. Daneben: mit der Kopfaufrichtung wird die Gehirnanlage zusammengestaut, die Skelettbildung hat zugenommen, das Genitale wird sichtbar (30 mm Kopf-Steiß-Länge). (Aus Langman.)

zuerst im Schlüsselbein und Oberkiefer, und von dort in den Rumpf und Kopf einstrahlend. Zugleich wird der erste prinzipielle Dunkelraum gebildet: die Pigmentschicht des Auges lagerte seit der 5. Woche Melanin, einen schwarzen Farbstoff ein, der nun den Augenapfel zur dunklen Camera obscura macht. Die bisher ungerichtet nach den Seiten abstehenden Augen rücken nun nach vorn und richten sich zur künftigen Sehrichtung aus; der fixierende Blick wird im Raum physisch-organisch ermöglicht. Die Hände finden ebenfalls in der Wachstumsbewegung zur ersten Greifgebärde und können sich erstmals berühren. Der Leib, bisher während der Phase der inneren Organbildung eng in sich zusammengekrümmt, so daß Kopf- und Hinterende sich berührten, entrollt sich gleichsam wieder und richtet sich auf die tastbare und sichtbare Sinneswelt aus.

Im gleichen Entwicklungsaugenblick gerät der werdende menschliche Leib in die endgültige Einseitigkeit des Geschlechts. Dasselbe ist zwar von der Konzeption an chromosomal bestimmt, aber das Merkwürdige ist, daß vorerst bis in die siebte Woche hinein die Leibesbildung in geschlechtlicher Hinsicht völlig indifferent abläuft. Erst zugleich mit der Verhärtung des Leibes hin zur festen mineralischen Hartsubstanz werden in den Keimdrüsen die geschlechtlich polaren Gewebedifferenzierungen erkennbar. Bald polarisiert sich dann auch die neutrale Anlage der äußeren Genitalien in die männliche oder weibliche Form, so daß das Geschlecht auch visuell äußerlich am Fötus identifizierbar wird.

Was sich damit abspielt, ist das jedesmal aufs neue wiederholte Schicksal eines der tiefgreifendsten Vorgänge der Menschheitsevolution. In dem Buche »Aus der Akashachronik« beschreibt Rudolf Steiner die vom Geistesforscher im Weltgedächtnis (Akasha) ablesbaren Entwicklungsstufen und -einbrüche des Menschenvorfahren. Er war einst von den menschheitsschaffenden göttlich-geistigen Mächten so gewollt, daß er einen viel weniger verhärteten, plastischeren Leib bekommen sollte. Seine Leibesformen wären dann immer der unmittelbare physiognomische Ausdruck des inneren Seelenlebens gewesen. Dem ist nicht so beim heutigen Menschen, wie er geworden ist. Er kann seine innerseelischen Vorgänge nie ganz zum Ausdruck bringen, ja, sich hinter der »Fassade« des gegebenen Leibes geradezu verstecken.

Diese Verbiegung der menschlichen Evolution trat – anthroposophisch gesprochen – in der Zeit der alten Lemuris auf, als eine geistige Gegenmacht zu früh dem Menschen das individuelle Bewußtsein seiner selbst gab. Bevor der Mensch aus seinem Ich heraus auch handeln konnte, vermochte er sich nun schon selbst zu spiegeln und zu bespiegeln. Alle Diskrepanz des Menschen zwischen seinen Vorstellungsbildern und seinem realen Tun stammt von diesem Eingriff des geistigen Verfrühers und Verführers, den die Geisteswissenschaft als Luzifer bezeichnet. »Luzifer« = der Lichtbringer übergab eben das Licht des subjekthaften Selbstbewußtseins, damit aber auch die Ursache aller sich von der Welt entfremdenden Egozentrik. Die Folge davon war, daß auch die Leiber dichter und verhärteter wurden und so mehr der Abschirmung des Ichbewußtseins gegenüber der Welt als dem Handeln für die Welt dienten. Die Welt wurde dadurch sinnlich-objekthafte Außenwelt, der das Ich als Subjekt distanziert gegenübertrat. »Da wurden ihre Augen aufgetan«, so schildert diesen Vorgang der Mythos vom Paradies, aus dem der Mensch nun vertrieben wurde.

Mit der materiellen Verhärtung verlor aber auch der Leib die bisherige Gesamtfähigkeit, den Nachkommen zu erzeugen. Nur ein Teil des Aufwandes bei der Fortpflanzung konnte noch eingebracht werden und bedurfte der Ergänzung durch das jeweils andere Geschlecht. Der ursprünglich zweigeschlechtliche, hermaphroditische Mensch geriet in die Beschränkung der Eingeschlechtlichkeit, weil der Leib durch die luziferische Verhärtung in seiner Lebendigkeit verarmte. Der menschliche Leibeskeim nach der siebten Schwangerschaftswoche trägt davon die entschiedenen Kennzeichen. Aus einem kosmisch allseitig ausgerichteten Wesen wurde ein sich auf das Irdische einschränkender Leib.

In den platonischen Dialogen um die Liebe, im »Gastmahl« (Symposion), erzählt Aristophanes davon im mythischen Bilde des Hermaphroditen, der, von Zeus zerschnitten, in einen männlichen und weiblichen Menschen einst geteilt wurde. Das Wort Sexus heißt ja »Zerschnittenheit« (von secare = schneiden), so daß noch heute das Wort Sexualität die Vereinseitigung beim Namen nennt.

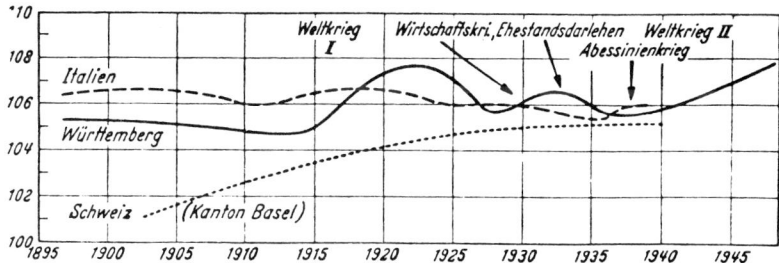

18 Schwankungen des Verhältnisses von Knabengeburten auf 100
Mädchengeburten einiger europäischer Länder zwischen 1898
und 1948. (Aus Conrad.)

Blicken wir zurück auf die schon in allen Zellen von der Konzeption
an festgelegte Geschlechtsbestimmung, so wird hierzu die zuerst noch
vorhandene kosmische Dimension des Vorganges ersichtlich. Die
schlichte mendelistische Deutung einer Zufallskombination der Eizelle
mit den geschlechtsbestimmenden Spermien (X-Spermium erzeugt
einen weiblichen Keim, Y-Spermium einen männlichen) nach dem Ver-
teilungsschema der Rückkreuzung trifft ja nicht voll zu. Schon zur Zeit
der Geburt beträgt das Mädchen/Knaben-Verhältnis 100:106,3; für
die Fötalzeit sogar 100:120 bis 130. Nach beiden Weltkriegen mit dem
jeweils starken Verlust der männlichen Bevölkerung stieg die Gebur-
tenrate der Knaben in den kriegsbeteiligten Ländern stark an, dagegen
nicht in den neutralen Ländern, z.B. in der Schweiz.

Der physiologische Befruchtungsvorgang selbst wird, wie wir heute
wissen (Langman), im allgemeinen nicht vom ersten die Eizelle errei-
chenden Spermium vollzogen. Vielmehr lösen zahlreiche Spermien mit
eiweißabbauenden Enzymen erst die Hülle der Begleitzellen (Corona
radiata) und jene schon erwähnte Gallerthülle (Zona pellucida) lokal
auf, bis die Befruchtung in Abstimmung der Ei- und einer Samenzelle

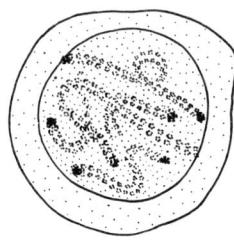

*19 Primäre Oocyte in der Prophase der 1.Reifeteilung mit sichtbar reduplizierten (verdoppelten) Chromosomensträngen. In diesem Zustand verbleibt sie vom 3. Fötalmonat über viele Jahre oder Jahrzehnte hin bis zur etwaigen Eireifung im Zuge der weiblichen Periode. (Aus Langman.)*

geschehen kann. Dem Zellphysiologen ist vielfältig bekannt, daß jede Zelle auf Außeneinflüsse am empfindlichsten reagiert während der Zellteilung. So ist gerade die erblich relevante Kernsubstanz z. B. gegen mutagene Einflüsse wie z. B. Röntgenstrahlen usw. bei der Kernteilung am empfindlichsten. Das Merkwürdige ist nun, daß mit dem Beginn des Fötallebens im dritten Monat die künftigen Eizellen im Eierstock der weiblichen Föten in die erste Phase, die Prophase der Kernteilung eintreten und in diesem Zustand maximal bis zu 50 Jahren liegen bleiben, wenn nicht von der Pubertät an im Monatszyklus jeweils eine Zelle nun die erste Reifeteilung vollendet. Während dem Eisprung, der Ovulation, hat die zweite Reifeteilung eingesetzt und bleibt in der Mitte der Kernteilung, der Metaphase, stehen, bis die Befruchtung erfolgt. Erst dann kann die zweite Reifeteilung zu Ende gebracht werden und der endgültige Eikern gebildet werden, sonst stirbt das Ei innerhalb von vierundzwanzig Stunden ab. Sowohl also für das Abpassen des rechten Zeitpunktes des Eireifungszyklus als auch für die Befruchtung selbst bleibt der jeweilige Eikern in der empfindlichsten Wartestellung unvollendeter Teilung stehen, und damit ist das Ei für alle auf es einwirkenden Einflüsse maximal offen.

Walther Bühler konnte aus den Zahlen von 33 000 Geburtsterminen des Standesamtes Freiburg i. Br. in den Jahren 1925 bis 1938 entnehmen, daß zwei bis drei Tage nach Vollmond die Mädchengeburten und zwei bis drei Tage nach Neumond die Knabengeburten das normale Geschlechterverhältnis überstiegen. Anlaß dieser Untersuchung waren Darstellungen Rudolf Steiners, daß die Wahl der Geschlechtlichkeit kurz vor der Inkarnation im Durchgang durch die geistige Mondsphäre geschieht (GA 218). Der Mond ist ja nicht nur Materie im leeren Raum, sowenig und soviel wie ein Organismus nur bloße Materie im leeren Raum ist. Seine veränderliche Stellung zur Erde und Sonne im Phasenwechsel ist zugleich Veränderung der übersinnlichen Konstellation des näheren kosmischen Umkreises der Erde. Es seien dazu einige Hinweise zu geben versucht.

Immer, wo der äußerlich sichtbare Vorgang zurücktritt, bleibt übersinnlich Raum für geistiges Geschehen. Wo die äußerlich beleuchtete Oberfläche im Antlitz des uns begegnenden Menschen aufhört – in den schwarzen Sehpupillen seiner Augen –, erfahren wir die Gegenwart seines Blickes. Rudolf Steiner schilderte davon etwas im erweiterten Sinne für die Kulte der alten Priester der Großsteinzeitkultur (GA 227, 228). Der Menhir schneidet aus dem Flutraum des Sonnenlichtes einen Schattenraum heraus, in dem das geistige Licht dem Schauenden sichtbar wurde. Die Kulte des Eiszeitmenschen fanden sogar im Dunkelraum tiefer Höhlen statt, in deren hintersten Räumen der Jagdzauber an die Wände gemalt wurde, wenn die inneren Bilder fernab der äußeren Lichtwelt aufleuchteten. – Noch heute sagt man in Afrika von einem wertvollen Menschen: »Nandisipoh wirft wahrlich einen Schatten« (van der Post). Und Adalbert von Chamisso thematisierte das Wesenhafte des Schattenraumes romanhaft in seinem »Peter Schlemihl«, der mit seinem Schatten sein höheres Wesen verkaufte.

Das sich aus dem Kosmos zusammenziehende Geistwesen des Menschen durchwandert überphysisch die Planetensphären zur Erde hin, um in der Mondsphäre die Schwelle zum Erdenraum, zur sublunaren Sphäre zu betreten. Wird eine weibliche Inkarnation gesucht, so wird dafür der Zeitpunkt gewählt, wenn der Schattenraum des Mondes von der Erde weg zum Kosmos hin geöffnet ist, also bei Vollmond. Die weibliche Konstitution bleibt gegenüber der männlichen kosmischer. Die männliche Form der Inkarnation entscheidet sich, wenn der Schattenraum des Mondes auf die Erde gerichtet ist, also zu Neumond. Und davon wird wohl auch die Sensitivität der Eizelle bei der selektiven Aufnahme des geschlechtsbestimmenden Spermiums tingiert. Die hohe Streubreite des Befruchtungszeitpunktes über die Dauer des weiblichen Zyklus hin sowie andererseits des Geburtstermins um normalerweise zwei Wochen vor und nach dem von der letzten Regel aus errechneten Termin läßt die Geschlechterverteilung zur Geburt nur in einem geringen Ausmaß in seinem Zusammenhang mit dem synodischen Mondgang erkennen. Doch sind die Hinweise schon deutlich genug.

Kehren wir abschließend nochmals zu der besonderen geistigen Bedeutung der Embryonal- und Fötalhüllen zurück. Hier ist der Einwand möglich, daß doch auch die Säugetiere in solchen Hüllenorganen heranwachsen und ja doch nicht Mensch werden. Geht man diesen Tatsachen nach, so wird deutlich, daß schon mit der aufsteigenden Wirbeltierreihe die Hinzunahme der Hüllorgane stufenweise beobachtbar ist. Die Fische und Lurche als niedere Wirbeltiere haben den Dottersack und mit ihm die eindeutige Subjekthaftigkeit durch ein eindeutiges Zentralnervensystem (alle Wirbellosen – genauer Nicht-Chordaten – hingegen haben immer nur diffuse, ringförmige oder doppelstrangige Nervennetze). Bei den höheren Wirbeltieren, den Reptilien und Vögeln treten Amnion und Allantois hinzu. Das Amnion (die Fruchtblase) ersetzt den äußeren Wasserteich der Fische und Frösche, die Allantois (die Harnhaut) vermittelt den Feuchtigkeits- und Gasaustausch durch die vorhandene Eischale. Bei den Säugetieren und dem Menschen tritt nun als letztes neues Hüllorgan das Chorion bzw. die Plazenta ( der Mutterkuchen) als der bleibende zottenreiche Anteil des Chorions hinzu. So wird deutlich, daß die aufsteigende Tierreihe selbst sichtbarer Ausdruck der zunehmenden Entwicklung gerade der durchgeistigsten Organe, der Embryonalhüllen ist. Indem wir uns im vorangegangenen verdeutlicht haben, daß der Vollzug aller umwandelnden, durchgreifenden Entwicklung das Wesen des Menschlichen überhaupt ist, dürfen wir uns auch hier sagen, daß die Wirkung des Menschen nicht erst bei uns, sozusagen »jenseits des Schimpansen«, begonnen hat, sondern in den Tierstufen selbst sich schon längst abgezeichnet hat. Die höheren Tiere sind in diesem Sinne gar keine bloßen »Tiere«, sondern, evolutiv gesehen, auch Menschen. Nur daß sie entwicklungsmäßig um so eher stehengeblieben sind und in spezielle Lebensräume eingepaßt worden sind, je entfernter verwandt sie zum heutigen Menschen erscheinen. Der Besitz der Embryonalhüllen mit der zunehmenden Menschennähe zeigt unmittelbar ihre Beteiligung an der gemeinsamen Menschheitsevolution.

Zum anderen aber spricht sich im Feinbau der Plazentation der verschiedenen Säugetiere auch manches Eindrucksvolle aus. So fällt auf, daß alle Kleinsäuger, insbesondere die Nager, nur ein von vornherein eng begrenztes Plazenta-Organ, den sogenannten Plazentarkonus bilden, der das zentrierende Motiv der Leibbildung selbst ganz mitmacht. Kleine, schwache, nervöse Leiberchen entstehen aber nur! Ganz im Gegensatz dazu entwickeln sich viele Huftiere, die durch lange Phasen, manche sogar für die gesamte Trächtigkeitsdauer eine allseitige Zottenplazenta ausbilden. Eine hohe Geistigkeit ihrer Gruppenseelen in ihrer kräftigen Verbindung zum kosmischen Umkreis kommt darin zum Ausdruck. Starke, lebensvolle Konstitutionen bilden sich so im großen »Fruchtsack« heran, um später – ganz im Gegensatz zum nahezu mineralisierten Mäusekot – selbst mit ihrem fruchtbaren Dünger noch zeitlebens der Pflanzenwelt Wohltätigkeit weiterzuschenken. Die Raubtierplazenta umhüllt zwar das Tierkind, aber nur partienweise in Form der für sie typischen Gürtelplazenta. Affen bilden von vornherein zwei Plazenten aus, eine Haupt- und eine Nebenplazenta.*

Wenden wir uns mit diesen Erfahrungen der Plazentation des Menschen zu, so können wir nun auf ihre Gestaltbildung und wie sie den Menschen konstituiert, achten. Sie ist zuerst allseitig über die ganze Chorionkugel verteilt: der unmittelbare Ausdruck seines umfassenden, aus dem Kosmos stammenden geistigen Ursprungs. Nach der Schwelle

---

* Näheres über die Plazentation der Säugetiere siehe Schad, 1971.

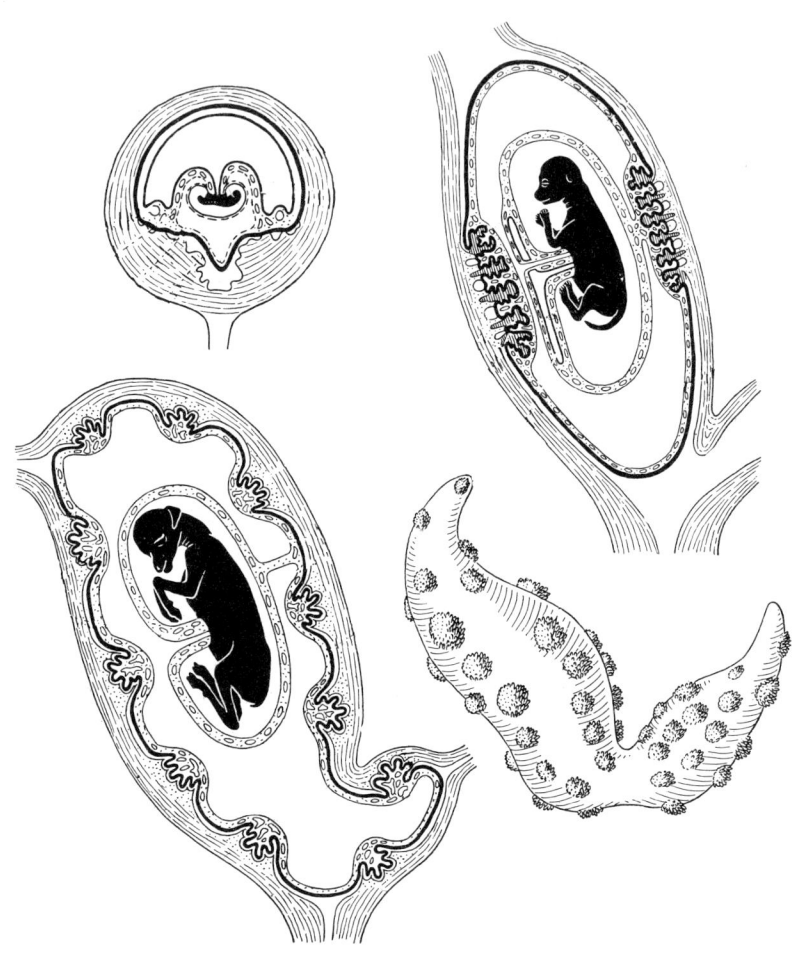

20  Embryonalhüllen im Uterus von Maus (oben links), Hund (oben
rechts), Rind (unten links) sowie der geschlossene Fruchtsack (Plazenta) von letzterem mit vielen einzelnen Plazentomen. Man
beachte die umfassende Plazenta der Huftiere, die gürtelförmige
Plazenta bei den Raubtieren und die keilförmige, zentrierte Plazenta der Nagetiere. (Aus Portman.)

**60**

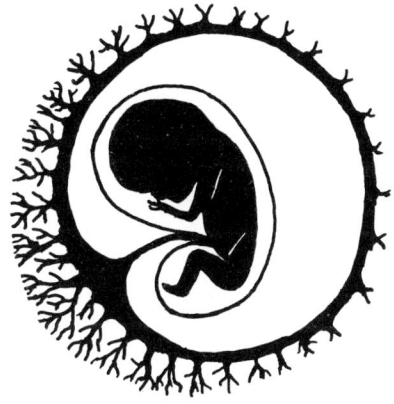

21 Gestaltwandel der menschlichen Plazentation. Aus der allseitigen, »diffusen« Plazenta entsteht in gleitendem Übergang die eingegrenzte Scheibenplazenta (Plazenta discoidalis). Oben: 1½ Monate, Mitte: Ende des 2. Monats, unten: Ende des 3. Monats. Zum Vergleich auf gleiche Keimblasengröße gebracht. Nur bei den Menschenaffen, nicht bei den übrigen Affen, finden sich ähnliche Verhältnisse.

der siebten Woche aber schränkt sich die Plazenta in allen Übergängen langsam auf die Stelle ein, wo der Fötus der Uteruswandung zuerst angeheftet war. In der flächigen und doch zuletzt auf etwa 15–25 cm Durchmesser zentrierten Scheibenplazenta wird sichtbar, wie sie nun auch für die Bildung des Erdenmenschen ebenso tätig wird. Das höhere Wesen des Menschen neigt sich der Aufgabe des kommenden Erdenlebens zu, wie sich der werdende Erdenleib über die Nabelschnur im Zusammenhang mit seiner Sphäre hält. So behält der die Inkarnation, die Einfleischung vollziehende Mensch für sein ganzes Leben wie bei keinem Tier die volle Spannung bei, einerseits die Erde ganz ergreifen und umgestalten zu können und andererseits in seinem übersinnlichen Wesen seine verantwortliche Stellung und Aufgabe im gesamten Weltzusammenhang zu suchen. Davon ist seine vorgeburtliche Existenz unsichtbar-sichtbarer Ausdruck, mehr als je später im Leben. Diese neuen Erkenntnisbilder von den Grundgesetzen der menschlichen Embryonalentwicklung, wie sie uns die moderne Natur- und Geisteswissenschaft nun geben können, benötigen wir heute, um ein neu verantwortetes Verhältnis zum ungeborenen Leben zu erlangen.

## III  Die Vorgeburtlichkeit – anthroposophisch betrachtet

Der Mensch ist ein Naturwesen, aber er ist auch ein solch seltsames Wesen, daß er diese Feststellung machen kann. Damit ist er mehr als ein Naturwesen. Er kann sich – anders wie ein Tier, das sich nur auf die Sinneserfahrungen hin spezialisieren kann – auch auf sein eigenes Bewußtsein zurückwerfen und sich selbst beobachten: sich selbst Subjekt und Objekt zugleich sein. Die einfache Lust-Unlust-Ebene, in der er reaktiv von Augenblick zu Augenblick lebt, kennt er aber auch an sich wie vom Tier. Noch rätselhafter ist jener unbewußte Bereich immerwährenden Bewußtseinsschlafes, in dem seine Organe leben, Stoffwechsel-Aufbau und -Abbau betreiben und doch vom ins Unbewußte geratenen Seelischen beeinflußbar sind, ob durch Übung, Gewohnheit oder Verdrängung. Für das menschliche Selbstbewußtsein am merkwürdigsten ist aber die Tatsache des materiegefüllten Leibes, den er mit sich herumträgt, mit dem er sich so leicht naiv identifiziert, und der ihm doch als bloßer Stoff in seiner völligen Eigengesetzlichkeit ichfremd ist. Wie kann es überhaupt sein, daß auf meinen Willensanlaß hin, meine Finger sich schreibend bewegen oder beim Lesen die Seiten umblättern? Da ich mein Bewußtsein in keiner Raumausdehnung, also auch nicht in einem meiner Leibesorgane orten kann: Ist da nicht jede bewußte Leibbewegung alltägliche Magie? Novalis nannte sie »weiße Magie«.

In der Anthroposophie werden diese vier wesensverschiedenen Seinsbereiche des Menschen als seine vier Wesensglieder unterschieden:

| | |
|---|---|
| der Betätiger des Selbstbewußtseins: | Geistkern oder Ich |
| die niedere, emotionale Seelenschicht: | Seelenleib oder Astralleib |
| die unbewußte Lebensordnung: | Lebensleib oder Ätherleib |
| der räumliche Stoffesleib: | physischer Leib. |

Nur das unterste Wesensglied kennen wir, verobjektiviert zum Gegenstand, mit Hilfe der Organe gerade dieses Wesensgliedes, eben der Sinnesorgane. Die anthroposophische Schulung bildet nun jene Organe aus, die die drei übersinnlichen Wesensglieder der Spekulation entziehen und sie auch der Erfahrung, der übersinnlichen Beobachtung zugänglich machen. So wird das Ätherische mit den ausgebildeten Organen des eigenen Ätherleibes als »Imagination« zugänglich, mit den entwickelten Organen des Astralleibes das rein Seelische als »Inspiration« übersinnlich beobachtbar; und als Höchstes begegnet das Ich mit der wahrnehmenden Hingabe als der »Intuition« dem Wesenhaft-Geistigen selbst außerhalb des eigenen Iches. Rudolf Steiner hat diese übersinnliche Empirik differenziert beschrieben, reiche gedankliche Rechenschaft davon gegeben und ausführliche konkrete Inhalte davon dargestellt. Für denjenigen, der die übersinnliche Erfahrung noch nicht entwickelt hat, besteht im Sinne Steiners aber schon immer die Möglichkeit, ihre Ergebnisse auf ihre Verstehbarkeit hin zu untersuchen und ihre Fruchtbarkeit im realen Menschenleben zu prüfen.

Lebensanfang und Lebensende des physischen Menschen sind nicht getrennt voneinander verständlich. Wenn wir hier nach der übersinnlichen Seite des Menschen vor der Geburt fragen, so helfen die Darstellungen der übersinnlichen Vorgänge, die nach dem physischen Tode sich vollziehen, dazu mit.

Als 1975 das Buch des amerikanischen Arztes Raymond A. Moody im englischen und bald auch im deutschen Sprachraum erschienen war, das viele Berichte künstlich wiederbelebter Klinisch-Toter brachte, hatte eine breite Diskussion über das fragliche Leben nach dem Tode begonnen. Die klerikalen Stellungnahmen können wir hier beiseite lassen, da sie schon unter sich äußerst divergent waren und zumeist eine weiterfragende Behandlung tabuisierten. Die Vertreter der positivistischen Naturwissenschaft, Medizin und speziell der Neurologie hingegen waren sich in einem Urteil einig: Die seelisch-geistigen Erfahrungen der Menschen bei ausgesetzter Atem-, Herz- und Gehirntätigkeit seien nicht solche von jenseits dem Tode, sondern die gelungene Wiederbelebung beweise ja, daß der unwiderrufliche Tod noch nicht eingetreten war (Kautzky). Und Moody schreibt selbst: »Man ist in keinem dieser Fälle zu der Annahme gezwungen, da sei ein biologisches und physiologisches Naturgesetz durchbrochen worden.«

Was hier berücksichtigt wird, berücksichtigt noch genauer die anthroposophische Geistesforschung. Der Tod ist kein momentaner Vorgang. Was wir so benennen, ist die Lockerung und Herauslösung der übersinnlichen Organisation aus dem physischen Leibe. Dessen Organe werden verschieden rasch vom Leben verlassen. Im Großhirn geschieht der Zerfall am raschesten, während der Haarwuchs noch für wenige Tage nach dem Tod weitergeht, wenn auch die physische Auflösung anderer Gewebe und Organe schon weit fortgeschritten ist. Und doch bewahrt die seelisch-geistige Existenz ihre eigene Ordnung. So zeigte sich in Moodys Berichten, daß die seelische Erfahrung von Selbstmördern nicht die erhebenden Erlebnisse kennt, die bei dem Sterben nach innerer Lebensbewältigung in Erscheinung treten. Der seelisch-geistige Mensch hat seine eigene leibunabhängige Ordnung, die nun wiederum der pure Positivist nicht anerkennen kann, ohne seine materialistische Weltanschauung zu gefährden.

Mit dem physischen Tod – so schildert Rudolf Steiner – bleiben die drei höheren Wesensglieder normalerweise vorerst noch in ihrer bisherigen Verbindung. Durch den weiterhin tätigen Lebensleib verfügt der Mensch noch über seine während des Lebens ins Unbewußte eingegrabenen Erinnerungen, die nun, wo mit dem physischen Leib der physische Zeitablauf in seiner Kausalität weggefallen ist, die Erinnerungsbilder in umgekehrter, zeitlich rückwärts gerichteter Abfolge durchlebt werden. Viele Berichte bei Moody und längst vor Moody enthalten die gleichen Schilderungen von vielen Menschen, die schockartig in Todesnähe geraten waren. Dieses Rückschautableau verschwindet drei Tage nach dem physischen Tode, was die Auflösung des Lebensleibes kennzeichnet. Dann erst findet der »Tod des Ätherleibes«

statt. Moodys Aufzeichnungen gelten alle noch für den Menschen lange vor Auflösung des Ätherleibes, der sich aber vielfach schon vorübergehend vom physischen Leib getrennt hatte.

Frei vom vergehenden physischen und Lebensleib erfährt nun der Geistkern des Menschen seinen Seelenleib, dessen Emotionen, Begierden und Leidenschaften noch immer fortdauern und – nun unabhängig von aller materieller und gewohnheitsmäßiger Einschränkung – viel extremer erlitten werden, bis sie durch einen langen Läuterungsprozeß wie weggebrannt werden; ein Vorgang, den die mittelalterliche Kirche als »Fegefeuer« kannte. Diese Zeit dauert etwa so lange wie diejenige, die der Mensch während seines Lebens ebenfalls vom Stoffes- und Lebensleib insgesamt unabhängig war: im Schlaf. Das macht etwa ein Drittel der Zeit des vollendeten Erdenlebens aus. Dann stirbt auch der Astralleib, das dritte Wesensglied. Die drei leiblichen Wesensglieder des Menschen machen nacheinander drei Tode durch, bis sein Geistwesen ganz die geistige Welt betreten kann. –

Eine neue Inkarnation wird wieder angestrebt, wenn der historische Schauplatz auf der Erde sich durchgreifend geändert hat, um dadurch wieder Neues lernen zu können – wie es Lessing schon dachte. Zu Zeiten großer Umbrüche folgen sich die Wiederverkörperungen eher, zu Zeiten geringer Umwälzungen langsamer. In der durchschnittlichen Regel gibt Rudolf Steiner 800–1000 Jahre an und erinnert an den alten Volksglauben der Barbarossa-Sage, in der sich ein ahnendes Wissen davon verdichtet hat.

Den größten Teil der Zeit zwischen Tod und neuer Geburt ist der Mensch in der Obhut hoher Geistwesen, die ihm helfen, sein Schicksalsgeflecht in seinem Einleben in die umfassende Weltenordnung des geistigen Kosmos neu zu gestalten. Dabei arbeitet er zugleich an dem Höchsten, an dem er als geläutertes Wesen arbeiten kann. Was ist dieses? Blicken wir zurück auf die vier Wesensglieder, die er im Erdenleben besaß, so fällt es bei unbefangener Selbsterkenntnis nicht schwer zu bemerken, daß das Ich zwar das höchste, das geistige Glied des Menschen ist, es ist aber zugleich auch das unvollkommenste, noch unfähigste. Die natürliche Schambarriere vor uns selbst, die die Fehler des anderen Menschen viel leichter sieht als die eigenen, ist Verdrängung und Selbstschutz zugleich davor. Der Seelenleib hingegen ist meist begabter, talentierter und doch in seiner unbestreitbaren Unzulänglichkeit bekannt genug. Der Lebensleib ist ein hochentwickeltes Wesensglied, das Tag und Nacht im Dauerschlaf unsagbar mehr an Aufbau und Ordnung, an Ausgleich und Harmonisierung leistet, als das menschliche Wachbewußtsein auch nur ausschnittweise könnte. Im Tagesbewußtsein ungelöste Probleme »überschlafen« wir gerne und oft mit Erfolg. Und was spielt sich erst an Hochleistung allein schon in jeder Leberzelle ab!

Das vollkommenste Wesensglied aber ist der physische Leib des Menschen. Er ist – mag man sie deuten, wie man will – von der größten Weisheit in der faktischen Zusammenfügung aller seiner Elemente durchzogen. Vom »Tempel des Leibes« wird im Evangelium gesprochen. So können wir mitdenken, daß Rudolf Steiner merkwürdigerweise davon berichtet, daß das Geistwesen des Menschen während des größten Teiles seines Daseins in der geistigen Welt der Ausgestaltung des geistigen Urbildes des physischen Leibes hingegeben ist. Es ist noch nicht einmal das Urbild seines künftigen individuellen Leibes, sondern des allgemeinen Urbilds dafür: eben dasjenige, was seinen künftigen physischen Leib zugehörig zur ganzen Menschheit sein läßt. Dieses Urbild nennt Rudolf Steiner *Geistkeim* – eine wiederum merkwürdige Bezeichnung, denn es wird das *vollkommene* Urbild des *physischen* Leibes damit gemeint. Nun wird aber gerade die physische Leiblichkeit im Erdenleben dem Ich die Auseinandersetzung bieten, an der sich der Mensch die *Keime* solcher neuen *Geistigkeit* erwerben wird, die er nur im Erdenleibe erlangen kann. In diesem Sinne ist das Urbild des physischen Leibes der *Geistkeim.*

Wenn in der Mitte zwischen Tod und neuer Geburt die veranlassenden Entschlüsse für ein neues Erdenleben vollbracht worden sind, gliedert sich der geistige Mensch stufenweise wieder aus den geistigen Welten heraus und umgibt sich nach und nach mit einem neuen Astralleib, dann Ätherleib und zuletzt, wenn die für die vorbereitete Inkarnation passenden Eltern gefunden sind, mit dem entstehenden physischen Leib. Jahrhunderte vor der Geburt der eigenen Eltern und Großeltern beginnt diese Hinwendung zum Erdenleben. In dem künftigen

Elternpaar besteht normalerweise eine schon aus alten gewachsenen Schicksalsverbindungen gegebene Affinität. Aus früheren »Wahlverwandschaften« können vielfach nun Familienbande entstehen.

Bei der Befruchtung verbindet sich der Geistkeim mit dem biologischen Keim. Inzwischen gestaltet sich das Ich seinen Astralleib und Ätherleib und gewinnt damit engere Beziehungen zu den künftigen Erdenverhältnissen. So schwierig es ist, die Schilderungen Rudolf Steiners aus dem gegebenen Zusammenhang zu isolieren*, so sei doch aus den Vorträgen »Die Theosophie des Rosenkreuzers« einiges im Wortlaut dazu wiedergegeben:

»Der Ätherleib zieht hin zum Volke, zur Familie; der Astralleib zieht besonders hin zur Mutter; das Ich zum Vater. Danach richtet sich das ganze Gebilde, das zur neuen Verkörperung hinunter will. Es kann vorkommen, daß der Astralleib zu einem mütterlichen Teil hingezogen wird, das Ich aber nicht zu dem entsprechenden Vater will; in diesem Falle setzt es seine Wanderung fort, bis es ein passendes Elternpaar findet.

Im gegenwärtigen Entwicklungszyklus stellt das Ich das Element des Wollens, der Empfindungsimpulse dar; im astralischen Leibe sind die Eigenschaften der Phantasie, die Eigenschaften des Denkens. Letztere wird daher die Mutter, wie man sagt, vererben und erstere der Vater. Und wir sehen so, daß die Individualität, die sich verkörpern will, durch ihre unbewußten Kräfte das Elternpaar aussucht, das ihr den physischen Leib geben soll.

Das hier Beschriebene spielt sich so ab, daß es im wesentlichen etwa bis zur dritten Woche nach der Empfängnis fertig ist. Zwar ist dieser Mensch, der aus Ich, Astralleib und Ätherleib besteht, durchaus vom Moment der Empfängnis an in der Nähe der Mutter, die den befruchteten Menschenkeim in sich hat; aber er wirkt von außen ein. In dieser Zeit, etwa in der dritten Woche, fängt dieser Astral- und Ätherleib gleichsam den Menschenkeim ab und beginnt nun mit zu arbeiten an dem Menschen; bis dahin geht die Entwicklung des physischen Menschenleibes vor sich ohne den Einfluß von Astral- und Ätherleib; von da

---

* Siehe die eingehende Zusammenstellung bei Hoffmeister.

ab wirken sie an der Entwicklung des Kindes mit und gliedern selbst die weitere Ausgestaltung des Menschenkeimes.«

Damit wird insbesondere auf die endgültige Bindung der Wesensglieder des Ichs mit dem physischen Leibeskeim im Laufe der dritten Woche hingewiesen. Noch genauer äußert sich dazu Rudolf Steiner in den Budapester Vorträgen »Theosophie und Okkultismus des Rosenkreuzers«:

»Und dasjenige, was heruntersteigt, sich heruntersenkt, ist im allgemeinen von Anfang an gebunden an das Ergebnis der Befruchtung. Durchaus ist es nicht so, daß erst nach einer gewissen Zeit irgendeine Individualität sich damit verbindet. Vom Moment der Befruchtung an ist diese heruntersteigende Individualität mit dem Resultat der physischen Fortpflanzung zusammengehörig. Ausnahmen gibt es allerdings auch da. In den ersten Tagen nach der Befruchtung wirkt freilich diese geistige Individualität, die herunterkommt, noch nicht auf die Entwicklung des physischen Menschen ein, aber sie ist sozusagen dabei, sie ist schon mit dem sich entwickelnden Embryo verbunden. Das Eingreifen geschieht etwa vom achtzehnten, neunzehnten, zwanzigsten und einundzwanzigsten Tage nach der Befruchtung; da arbeitet dann schon mit dem werdenden Menschen das, was heruntergestiegen ist aus einer höheren Welt.«

Nun gilt die Berücksichtigung individueller Entwicklung noch viel mehr für die seelisch-geistige Seite als für die physisch-leibliche Seite. Nicht nur den 18. bis 21. Tag gibt Rudolf Steiner für das Abfangen der Keimesentwicklung durch das individuelle Ich an, sondern führt weiter aus (GA 99):

»Wir haben bis jetzt den gewöhnlichen Menschen der Gegenwart in seiner normalen Entwicklung geschildert; nicht ganz gilt das für einen Menschen, der in einer vorigen Inkarnation eine okkulte Entwicklung angefangen hat. Je höher er gekommen ist, desto früher liegt der Zeitpunkt, wo er selbst beginnt, seinen physischen Leib zu bearbeiten, um ihn dadurch geeigneter zu machen für die Mission, die er hier auf der Erde zu erfüllen hat. Je später er dazu kommt, den physischen Keim abzufangen, desto weniger wird er Herr werden über den physischen Leib. Bei höchstentwickelten menschlichen Individualitäten, die die

Leiter und Führer des geistigen Teiles unserer Welt sind, findet solches Abfangen bereits bei der Empfängnis statt. Für sie geht nichts vor ohne ihr Zutun, sie leiten ihren physischen Leib bis zum Tode und beginnen den neuen zu bearbeiten, sobald der erste Anstoß dazu gegeben ist.«

Es gibt also durch die hohe individuelle Differenzierung zwischen den Menschen-Ichen keinen allgemein verbindlichen Termin, ab wann der leibliche Keim von den übersinnlichen Wesensgliedern, ohne den Tod des Keimes, nicht mehr verlassen wird. Das Ende der dritten Woche ist danach nur das letzte mögliche Datum endgültiger Verbindung.

Die sich zur Verkörperung anschickende Geistseele hat in dieser frühen Zeit einen gewichtigen Augenblick der Vorausschau. So wie der physisch Gestorbene auf sein ganzes bisheriges Erdenleben zurückschauen konnte, so hat der Ungeborene ein prophetisches Vorgesicht: »Unmittelbar vor der Verkörperung tritt ein sehr wichtiges Ereignis ein, das demjenigen im Moment des Todes parallel ist. Wie unmittelbar nach dem Tode die Rückerinnerung an das vergangene Leben gleich einem Tableau vor die Seele tritt, so ist unmittelbar vor der Einkörperung eine Art *Vorgesicht* auf das kommende Leben vorhanden. Man sieht nicht alle Einzelheiten, aber in großen Umrissen alle Verhältnisse im kommenden Leben vor sich. Dieser Moment ist von ungeheurer Bedeutung« (GA 95).*

So wie die Rückschau nach dem Tode kurz nach der Lösung des Ätherleibes vom physischen Leibe geschieht, so ist die Vorschau vor der erneuten Verbindung des Ätherleibes mit der physischen Leibesanlage möglich. Im Eintauchen in die physische Anlage geschieht das große Vergessen, aus dem die Seele bewußtseinsmäßig nachgeburtlich während der Kindheit wieder auftaucht.

Rudolf Steiner bezeichnet nicht näher, wann jener Zeitpunkt liegt. Wir wollen uns aus der Kenntnis der erst in den letzten Jahrzehnten genauer bekanntgewordenen embryonalen Frühstadien daran herantasten. Wie im zweiten Kapitel ausgeführt, ist die Entwicklung in der ersten Woche die der Keimblasenbildung. Von der Befruchtung an ist der Geistkeim des physischen Leibes mit ihr verbunden. Mit der Einni-

* siehe auch GA 99 u. 111.

stung am 6. Tag wird die Keimblase seßhaft und besitzt den die künftige Leibesbildung vorbereitenden Embryonalknoten. Gegen Ende der zweiten Woche hat sich die zweischichtige Keimscheibe als Leibesanlage eingestellt und damit die Entscheidung über den Einlings- oder eineiigen Mehrlingsstatus der Keimblase. Um den 18. Tag beginnt am inzwischen dreischichtig gewordenen Keim die Einsenkung des Zentralnervensystems und damit des empfindungsvermittelnden Organes. Daran ist wohl ablesbar, wie um den 6. Tag die Bereitstellung des Materiales für den physischen Organismus, um den 12. Tag die Individualisierung der Lebensorganisation und um den 18. Tag die Voraussetzung subjekthaft am Leibe empfindender Seelenhaftigkeit möglich wird. Um den 18. bis 21. Tag scheinen auch die individuellen Abweichungen vom Zeitschema am größten zu sein. Und doch: in einem im Vergleich zur Woche merkwürdig verkürzten Sechstage-Rhythmus vollzieht sich im allgemeinen die schrittweise Vereinigung der Wesensglieder mit der physischen Anlage. Um den 12. Tag läge demnach die Verbindung des individualisierten und individualisierenden Lebensleibes mit dem physischen Keim. Kurz davor könnte demnach die Vorausschau eintreten. Mit dem Eintauchen des Ätherleibes in den physischen Leib geht diese verloren. Das Bewußtsein verdunkelt sich. *

Über die Einverleibung des Ichs führt Steiner aus:

»Wenn sich der menschliche Keim im mütterlichen Leibe entwickelt, dann vereinigt sich allerdings in der dritten Woche das Ich mit den anderen Gliedern der menschlichen Organisation, aber es kommt erst in den letzten Monaten vor der Geburt nach und nach zur Wirksamkeit. Da erst wird das Ich eine innerliche, bewegende Kraft... Da haben wir es mit einem Ich zu tun, das aus früheren Inkarnationen herstammt und den menschlichen Keim zur Bewegung bringt« (GA 114).

Wie durch die Anthroposophie ein wesensgemäßes Verfolgen und Kennen des Todesgeschehens möglich ist, so auch der im Erdenleben hineinführenden Vorgänge. Stufenweise mit abnehmender und dann wieder zunehmender Beteiligung aller Wesensglieder geschehen Exkarnation und Inkarnation. Und auch während der Kindheit und

---

* Ich verdanke diese Überlegungen Gesprächen mit Dr. med. Broder von Laue.

Jugend findet die weitere Ausreifung, Verselbständigung und Vereinigung des physischen Leibes, des Lebens- und des Seelenleibes und der Ich-Organisation statt. Rudolf Steiner hat diese Entwicklung nach der Geburt in seiner ersten pädagogischen Schrift »Die Erziehung des Kindes vom Gesichtspunkt der Geisteswissenschaft« erstmals ausgeführt. Je lockerer auch noch der Zusammenhang des übersinnlichen Menschen mit der leiblichen Grundlage ist, je früher wir ihn betrachten, so gibt es doch keinen Augenblick, wo nicht der Zusammenhang schon besteht. Tötende Eingriffe zerreißen ihn, und der Handelnde muß fragen und wissen, ob er damit einen höher zu schützenden menschlichen Wert tatsächlich rettet.

So können wir die differenzierten Schilderungen der anthroposophischen Geisteswissenschaft mit den entsprechenden, inzwischen möglich gewordenen Ergebnissen der anthropologischen Naturwissenschaft zusammenschauen. Es kennzeichnet unser Jahrhundert die erstmalige bewußte Kenntnis der leiblichen und geistigen vorgeburtlichen Menschwerdung und damit die Übernahme einer ganz neuen Verantwortlichkeit dafür. Hier kann nicht mehr das Wort »Wissen ist Macht« gelten, das von dem englischen Begründer des neuzeitlichen Positivismus, Francis Bacon (1561–1626) in unsere abendländische Kultur von dem persischen Arabisten, dem Sufi-Poeten Sa'adi (1184–1291) übernommen wurde. Heute entsteht die Überzeugung »Wissen ist Verantwortung«, in der sich alle Begründer der Kernkraftphysik von Bohr, Hahn, Heisenberg und Pauli bis zu Oppenheimer einig waren. Die größte bisherige Gefährdung des Lebens auf der Erde geht in unserer Zeit mit der genauesten bisherigen Kenntnis des Lebens einher. Dadurch können wir auch die Verantwortung übernehmen.

# IV Biologie der Freiheit

Ein erstes Übungsfeld ist ein neuer Umgang mit den Tatsachen, die die Naturwissenschaft gesammelt hat. Sie selbst hat die Entwicklungsidee vorangetrieben, nachdem diese schon vorher im literarischen Raum aufgetaucht war und durch Goethe und Kielmeyer in die Naturwissenschaft übergegriffen hat. Diese bedeutendste Idee des 18. und 19. Jahrhunderts (Steiner) wollen wir hier geradezu potenziert verfolgen, nämlich mit der Frage: Wie hat sich die Entwicklung in der Entwicklung, wie hat sich der Modus der Embryonalentwicklung im Laufe der Evolution der Naturreiche selbst weiterentwickelt? Wir wollen hier einige Einzelheiten in Erinnerung rufen, die heute schon Allgemeinwissen sind, und durch nähere Einzelheiten ergänzen.

Im höheren Tierreich, also im Verwandtschaftsbereich der Wirbeltiere, sind die heute noch lebenden Stufen der Evolution: die Fische, Lurche, Kriechtiere, Vögel und Säugetiere. Bei allem Abwechslungsreichtum ist doch der häufigste Modus beim Beginn der Embryonalentwicklung der Fische die äußere Befruchtung und die Entwicklung im äußeren Wassermedium, nur anfänglich von einer dünnen Eihaut geschützt. Bei den Lurchen finden sich vielfach ähnliche Verhältnisse, doch sind die Keime unserer Froschlurche und Molche durch relativ dicke Gallerthüllen besser vom Außenmedium abgegrenzt, aber noch im Lichtraum. Die Entwicklung der Kriechtiere macht einen großen Schritt zur stärkeren Abgrenzung des Entwicklungsraumes vom Außenmilieu: Der Keim ist von Eiklar und undurchsichtiger Pergamentschale umgeben und oft vom Muttertier geschützt in Laubhaufen, unter Steinen oder in Sandgruben abgelegt worden; hierzu entwickelt der Keimling selbst außer dem schon bei den Fischen vorhandenen Dot-

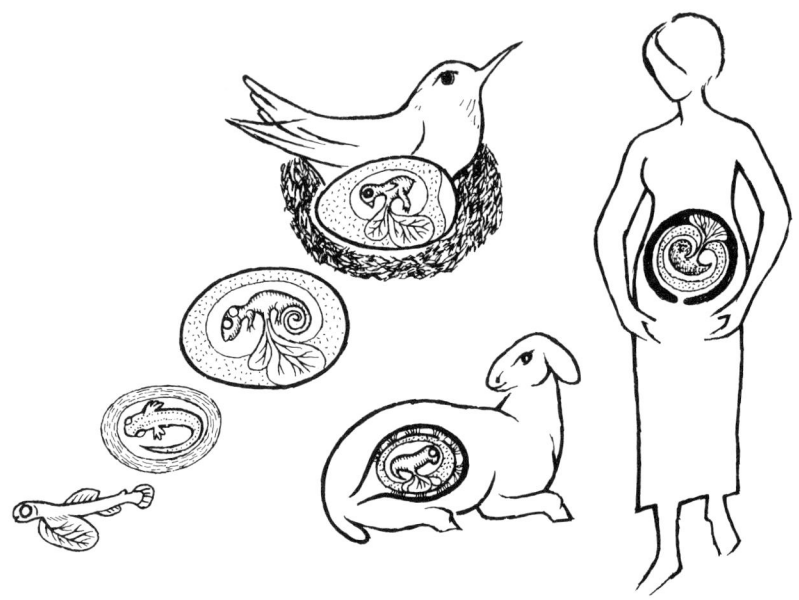

22   *In der aufsteigenden Wirbeltierreihe vollzieht sich die Leibesbil-*
*dung in immer eigenständigeren Hüllen. Dieser evolutive Vorgang*
*kulminiert beim Menschen in den das Kind vor und nach der*
*Geburt tragenden Kulturhüllen. Von links: frisch geschlüpfte*
*Forelle mit Dottersack, Molchlarve in der Gallerthülle, Eidechsen-*
*embryo, Kolibri, Schaf, Mensch. (Zeichnung Ulrich Winkler.)*

tersack einen eigenen Flüssigkeitsraum (die Fruchtblase = Amnion)
und ein zusätzliches Vermittlungsorgan (die Harnhaut = Allantois),
welche ihm die größere Unabhängigkeit von der Umwelt ermöglichen.
Die bei den höheren Kriechtieren (Schildkröten und Krokodile) einset-
zende Verkalkung der Eischale wird bei den Vögeln wesentlich ver-
stärkt und darüber hinaus durch die Bebrütung eine Verselbständi-

**74**

gung auch von der Außentemperatur erreicht. Nur evolutiv sehr niedrigstehende Vögel wie die australischen Großfußhühner wachsen noch in der äußeren Gärwärme der vom Hahn zusammengescharrten Laubhaufen heran. Je höher wir im Reich der Vögel uns umsehen – Strauße, Hühner, Störche, Raubvögel, Krähen, Meisen, Finken – desto kunstvoller wird der Nestbau, um bei den Rohrsängern, Zaunkönigen, Schwanz- und Beutelmeisen bzw. bei den tropischen Webervögeln die höchste Kunstfertigkeit zu erreichen und eine zusätzliche Hülle dem Entwicklungsmilieu hinzuzufügen.

Bei den Säugetieren, den höchststehenden Tieren überhaupt, gelangt die Abschirmung des Entwicklungsraumes zu ihrer höchsten Steigerung: Der lebendige Innenraum der mütterlichen Leibeshöhle wird selbst zur optimalen Hülle gegenüber der Außenwelt. Hinzu bildet auch der Keim eine zusätzliche, nur bei den Säugetieren und dem Menschen vorkommende Hülle, in die der größte Zellanteil des frühen Keimlings aufgeht: die Nährschicht (Trophoblast, in ihrer embryonalen Weiterentwicklung als Chorion, Serosa und Plazenta [Mutterkuchen] bezeichnet).

Auch hier bei den Säugetieren läßt sich der Zusammenhang zwischen der evolutiven Entwicklungshöhe und dem biologischen Entwicklungsraum bis ins einzelne gut verfolgen. Die niedersten Vertreter sind die Kloakentiere (Schnabeltier und Ameisenigel) der australischen Region. Sie legen noch wie die Echsen hartschalige Eier ab, die äußerlich bebrütet werden, doch säugen sie die daraus entschlüpfenden Jungen schon. Diese entwickeln sich also noch völlig außerhalb des Mutterleibes. Bei den nächsthöheren Formen, den Beuteltieren, findet die erste Entwicklung schon im Uterus statt, wird aber schon früh im Beutel, einer äußeren Hautfalte, die um die Milchdrüsen sich ausgebildet hat, fortgesetzt. Erst die höheren Säuger entwickeln die Plazenta, das innere Verbindungsorgan zwischen Kind und Mutter, aus. Doch auch unter den plazentalen Säugetieren wird bei den wiederum evolutiv niedrig stehenden Gruppen die Fötalentwicklung relativ früh abgebrochen, so daß unfertige, blinde Jungen (Nesthocker) geboren werden (viele Nagetiere), für die auch oft noch äußere Nester, fast so kunstvoll wie bei den Singvögeln, gebaut werden (Zwergmaus, Haselmaus, Eich-

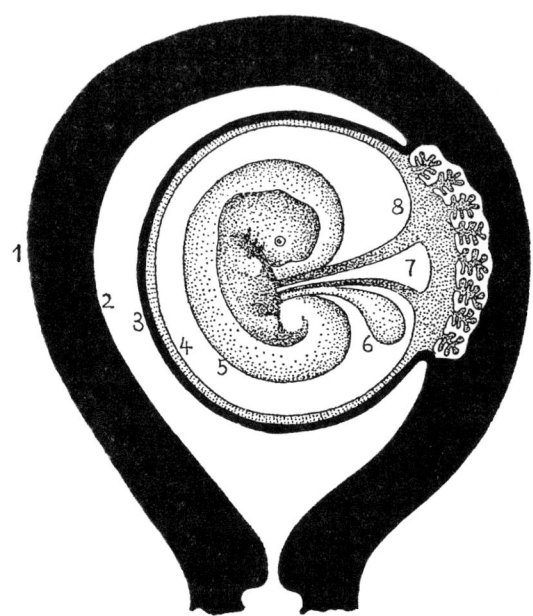

23  Die Hüllen des menschlichen Embryo: 1 Uterus, 2 Uterusschleimhaut, 3 Uterusschleimhaut-Anteil der Keimblase (2 und 3 verwachsen am Ende des dritten Monats miteinander), 4 Chorion laeve =
Serosa, 5 Amnion mit Fruchtwasser, 6 Dottersack, 7 Allantois,
8 Chorion frondosum = Plazenta.

hörnchen). Sie brauchen wie menschliche Frühgeburten gleichsam
noch einen »Brutkasten«. Erst die höchstentwickelten Säugetiere, die
Affen, Robben, Wale, Elefanten und Huftiere werden so lange im Mut-
terleib ausgetragen, daß sie nahezu fertig als nur verkleinerte Abbilder
der Erwachsenenform sogleich das Licht erblicken: Die Sinne sind
offen, das Haarkleid fertig, der Wärmehaushalt stabil, die Bewegungs-
fähigkeit weitgehend ausgereift. Man spricht von »Nestflüchtern«,
obgleich kein Nest mehr gebaut wird (der Ausdruck ist aus der Vogel-
kunde übertragen worden).

Insgesamt umschirmen nun den Embryo bzw. den Fötus: das Fruchtwasser mit der Fruchtblase (Amnion), die Serosa bzw. die Plazenta, die Gebärmutterschleimhaut (Decidua) und die Gebärmutter (Uterus) selbst, die umlagernden Bauchhöhlenorgane, die Bauchdeckenmuskulatur, das fettreiche Hautorgan und die stabile Körperwärme. All diesen Schutz erhält der ungeborene Mensch ebenso. Die geschilderte jeweilige evolutive Entwicklungshöhe in der Tierreihe ist, von der vergleichenden Anatomie ganz unabhängig, von der vergleichenden Embryologie festgestellt worden; um so mehr spricht der Vergleich der embryonalen Entwicklungsräume für die Durchgängigkeit der gefundenen Gesetzmäßigkeit. Wir können so als ein weittragendes, bedeutsames Ergebnis formulieren: Je höher ein Wesen in der Evolution steht, desto gründlicher und länger ist es während seiner ersten Entwicklung der unvermittelten Einwirkung der Umwelteinflüsse entzogen. Je eher es denselben ausgesetzt ist, desto eher wird es zwar funktiontüchtig, verbleibt aber auf einer um so niedrigeren Evolutionsstufe.

Nun ist es sehr beeindruckend, daß diese biologische Gesetzmäßigkeit auch die gesamte Stufung des Pflanzenreiches durchzieht. Sowohl, was unserem unmittelbaren Anblick vor Augen liegt, als auch was der pflanzenanatomischen und mikroskopischen Forschung sich erschloß, spricht sich in dieser Richtung aus. Leicht läßt sich unter dem Mikroskop embryonales und differenziertes Pflanzengewebe unterscheiden. Ersteres besteht aus vorwiegend eiweißreichem, enggepacktem Zellmaterial (Meristem), letzteres hat neben der vielfältigen gestaltlichen Differenzierung in sich wässrige Hohlräume (Vakuolen) und äußere Stützsubstanzen abgeschieden. Im Bereich der pflanzlichen *Einzeller* bleibt jede Zelle zeitlebens dem meristematischen Zustande noch nahe und ist dabei hochgradig vom äußeren Milieu (Licht, Temperatur, Mineralsalze, PH-Werte etc.) abhängig. Die niedersten *mehrzelligen* Pflanzen, die Algen, treten stärker in Zelldifferenzierungen ein. Dabei besitzt eine solch häufige *Grünalge* der Nordseeküste wie der Meersalat (Ulva lactuca) im gesamten Lappenkörper (Thallus), besonders aber an den Thallusrändern, die Fähigkeit der vegetativen Vermehrung (durch Zellteilung) wie der generativen Vermehrung (durch Zellverschmelzung = Befruchtung). Bei den schon höher organisierten *Braun-*

24 Der »Meersalat« (Ulva lactuca) ist eine Grünalge der Nordseeküste, die in ihrem Pflanzenkörper durchgängig zellteilungsunfähig
ist. (½ Größe, nach Kuckuck.)

algen, wie z.B. dem Blasentang unserer Meeresküste (Fucus vesiculosus), sind die Wachstumszonen auf die Thallusspitzen zentriert, und
die geschlechtlichen Keimzellen entwickeln sich in nach innen gezoge-
nen winzigen Hohlräumen (Conzeptakeln). Bei den noch höher stehenden Rotalgen tritt ein besonderes Hüllorgan (Cystokarp) an einer die
Keimzellen (Gameten) entwickelnden Vorpflanze[1] auf, in welchem die
aus der Befruchtung hervorgehende nächste Generation[2] angewach-
sen und geschützt verbleibt, bis sich hinwiederum aus dieser durch
Abgabe von »Fruchtsporen«[3] drittens die selbständige Hauptpflanze[4]

1  haploider Gametophyt                        3  diploide Karposporen
2  diploider Karpo-Sporophyt ( = Gonimoblast)  4  diploider Tetrasporophyt

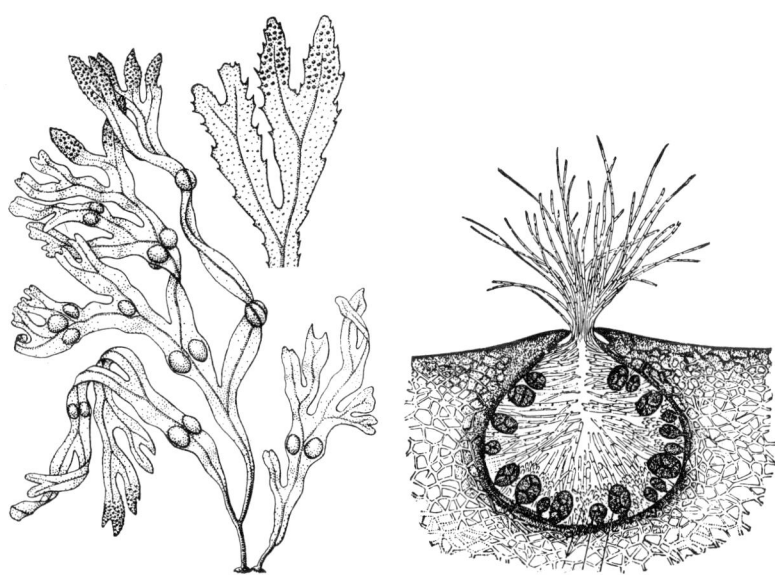

*25   Der Blasentang (Fucus vesiculosus), die häufigste Braunalge unse-*
*rer Meeresküsten, zeigt zumeist nur Spitzenwachstum. In den ein-*
*gesenkten Gruben unterhalb der Spitzen wachsen die Keimzellen,*
*hier im Bild Eizellen, heran. (Links ¼×, rechts 25×, nach Thuret.)*

entwickeln kann. Das besondere Hüllorgan (Cystokarp genannt)
schützt also »fruchtartig« den unmittelbaren Vorläufer der Hauptpflanze und ernährt denselben sogar zusätzlich über besondere Hilfszellen. Erst dadurch können sich die *höchst*stehenden Algen, die Rotalgen, entwickeln. Den urtümlichsten Rotalgenarten, wie der in unseren
Süßwasserbächen gelegentlich lebenden Froschlaichalge (Batracho-
spermum) fehlt noch das Cystokarp!

Gehen wir zu den Landpflanzen über, so wollen wir zuerst nur das
Vorkommen des vegetativen Vermehrungsgewebes (Meristem) beachten. Bei den Laubmoosen sitzt es in einer kleinen Hülle aus den letztge-
bildeten Blättchen, erst anfänglich geschützt. Bei den Farnen liegt die
Vegetationsknospe oft geborgen unter der Erde, vom Kreis der nächst-

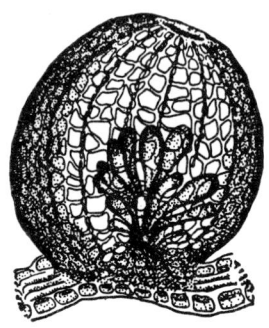

26  Cystokarp = Blasenfrucht der Rotalge Polysiphonia miniata. Die
aus einer Befruchtung entstandene nächste Generation (der Gonimoblast) entwickelt sich darin. (170 ×, nach Börgesen.)

jährigen Blattanlagen bedeckt; über die Erde treten bei unseren Farnen
nur die großen Blattwedel, die im Entfalten noch kräftig an den einge-
rollten Fiederspitzen wachsen, wodurch die Stellen stärkster Zellver-
mehrung besonders geschützt von den entwickelteren Teilen verborgen werden.

Über diesen sporenbildenden Pflanzen stehen alle höheren, samenbildenden Pflanzen. Für sie ist nun die unabdingbare Bildung von Ein-
hüllungsorganen um alles wachstumsfähige Gewebe charakteristisch:
die Knospen. Der Vegetationskegel liegt nie mehr offen, sondern ist
immer von den aus ihm selbst gebildeten Deckorganen, den Knospen-
schuppen verborgen gehalten. Nur im Schutz unter Wasser kann er
noch einmal durchwachsen, wie beim »Tannenwedel« (Hippuris).
Sonst ist die wachsende und schlafende Laubknospe der durchgängige
Ort des entwicklungsfähigen Gewebes bei allen höheren Pflanzen, wie
sie uns die großen Knospen des Rosenkohls, Chikorees und Kopfsalats
oder gar die Kopfkohlsorten drastisch vor Augen führen. Das gibt es bei
niederen Pflanzen nicht.

27  Das Frauenhaar-Moos (Po-
    lytrichum commune) mit
    gipfelständigem Blattbü-
    schel, das die Keimzellen-
    behälter in sich birgt. (1 ✕,
    nach Luerssen.)

28  Auswachsende Blätter vom
    Adler- und Wurmfarn. Die
    wachsenden Blatt- und
    Blattfiederspitzen sind
    durch die Einrollung vom
    direkten Umwelteinfluß ge-
    schützt. (½ ✕)

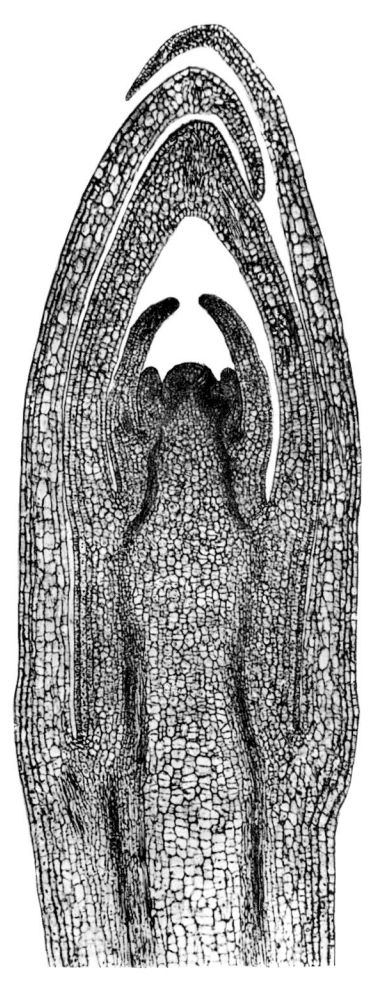

29  Blätterknospe der Arktischen Brombeere *(Rubus arcticus)* im
Schnitt. Alle Folgeblätter schützen das wachstumsfähigste
Gewebe, den Vegetationskegel. *(Natürliche Größe 1,5 mm, Foto:
Otti Zeller.)*

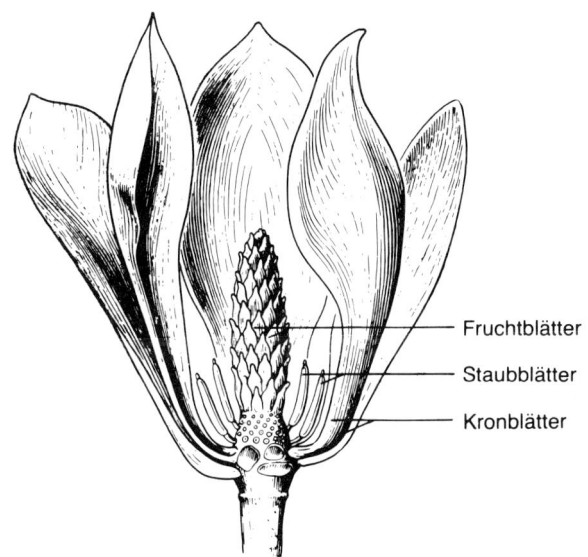

Fruchtblätter

Staubblätter

Kronblätter

30 Magnolienblüte mit den die Staub- und Fruchtblätter einhüllenden Kronblättern. (Aus Schweitzer.)

31 Die Bildung der Blütenorgane des Sauerklees (Oxalis violacea). Links: legen sich die Kron- und Staubblätter an; Mitte: die Eintiefungen der Fruchtblattanlagen beginnen sich am Vegetationskegel abzuzeichnen. Rechts: die Innenraumbildung der Fruchtblätter schreitet fort; die Kronblätter und ein Teil der Staubblätter sind abpräpariert. Die Vorgänge spielen sich dem Blick verborgen in der frühen Blütenknospe ab. (Nach Payer.)

**83**

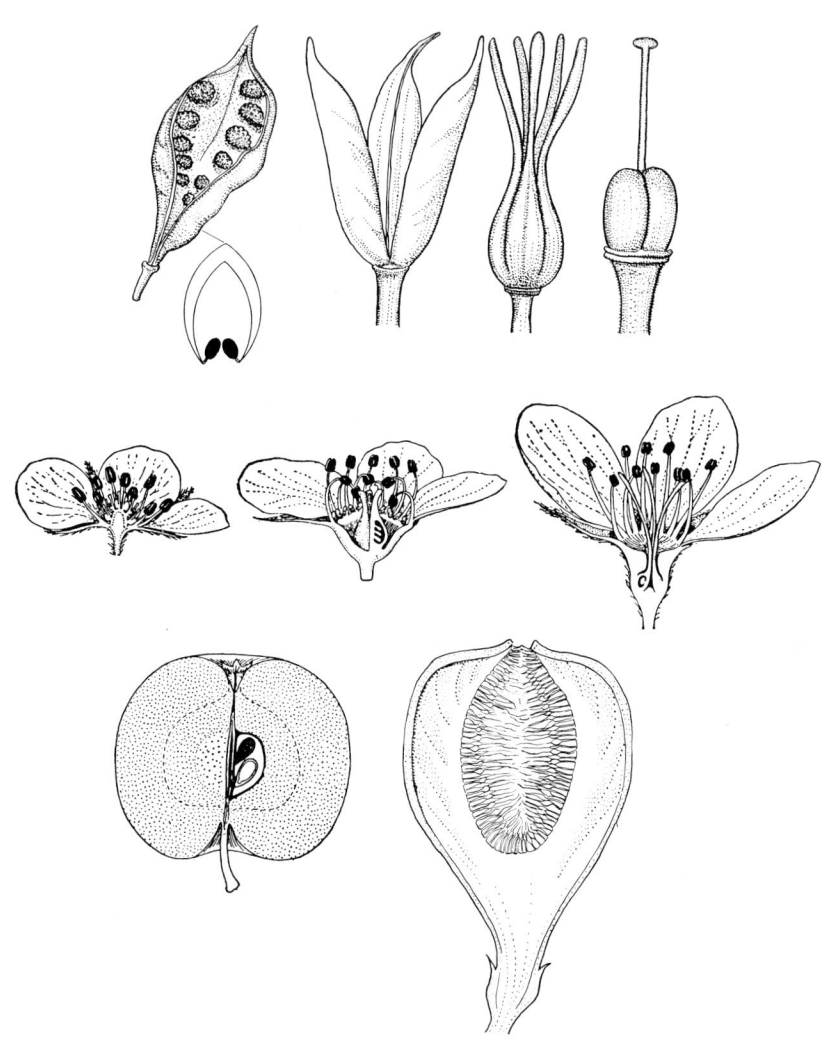

32   Fruchtraumbildung im höheren Pflanzenreich.
Oben von links nach rechts: zunehmende Innenraumausbildung
im Fruchtblattbereich, geöffnetes, einfach ausgebildetes Frucht-
blatt der Erbse mit Samen und im Querschnitt, drei zusammenste-
hende freie Fruchtblätter des Rittersporns, fünf streckenweise ver-

Noch deutlicher wird die zunehmende Abschirmung des biologischen Innenraumes bei der Einhüllung der generativen Organe. Alle Blüten bilden sich aus Blüten*knospen*. Blütenkelch und Blütenkrone vollführen auch noch aufgeblüht zumeist die Hüllgebärde um die der Fortpflanzung dienenden, in ihnen geborgenen Staub- und Fruchtblätter. Besonders die letzteren rollen sich – schon bei ihrer Entstehung – zuallermeist ein und verwachsen mit ihren Rändern und anderen Fruchtblättern zu Fruchtknoten. Sie senken sich bei fortgeschrittener Evolutionshöhe in umwachsendes Stengelgewebe ein (unterständiger Fruchtknoten z. B. der Hagebutten, Äpfel, Birnen, Kürbisse etc.) und können sich zusätzlich sogar noch in aus Hochblättern und Sproßgewebe gebildete Höhlungen zurückziehen (Distelköpfe, Feigenfrüchte).

Im Inneren der Fruchtblätter selber werden weitere winzige Hüllorgane für die kommenden Samen ausgeformt, die Samenanlagen. Sie bestehen neben ihrer stielartigen Aufhängung aus zwei Deckhüllen (Integumente) und dem davon umschlossenen »Nüßchen«-Gewebe (Nuzellus), das bei der Reifung zur Samenschale verhärten wird. In letzterem legt sich ein achtzelliges Keimgewebe (der sogenannte Embryosack) an. Die größte Zelle davon ist die Eizelle, also die Ausgangszelle der künftigen Tochterpflanze. Nach der Bestäubung der Blüte, zumeist

*wachsene Fruchtblätter des Flachs, zwei auch in Griffel und Narbe verwachsene Fruchtblätter des Tabaks.*
*Mitte von links nach rechts: zunehmende Innenraumausbildung im Blütenboden bei Rosengewächsen. Frucht oberständig bei der Erdbeere, mittelständig bei der Spiree, unterständig bei der Birnenblüte.*
*Unten von links nach rechts: zunehmende Innenraumausbildung im Stengelgewebe. Apfelfrucht mit viel Fruchtfleisch aus umgebendem Stengelgewebe, Grenze zum Fruchtblattgewebe gestrichelt; die Feigenfrucht daneben ist eine eingesenkte Sproßachse, die viele Einzelblüten in einem gemeinsamen Innenraum bergend vereinigt hat. (Aus Strasburger.)*

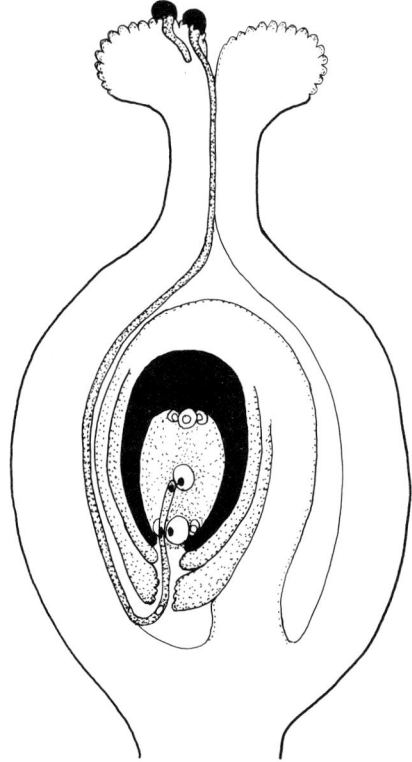

33  Innerer Aufbau des Fruchtknotens mit der Samenanlage einer
Blütenpflanze. Schwarz: Pollenkörner und Nucellus (künftige
Samenschale) und befruchtungsfähige Zellkerne. Punktiert: Pol-
lenschläuche, Integumente und Embryosack.

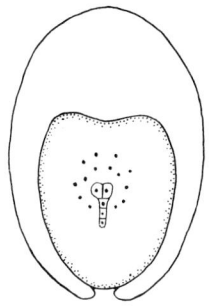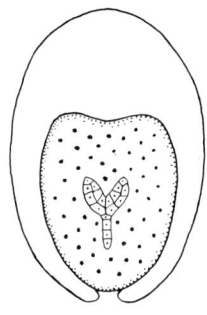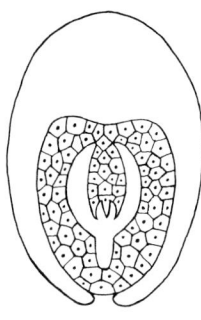

*34 Innerhalb des Nuzellus entwickeln sich im Embryosack die beiden befruchteten Zellen recht verschieden. Aus der Eizelle bildet sich in vollständigen Zellteilungen der Pflanzenembryo mit zwei Keimblättern und der Sproß- und Wurzelanlage. Aus der Polzelle wird zuerst ein vielkerniges Plasmodium, das erst später in einzelne Zellen aufgeht, als Nährgewebe den Embryo umhüllt und dann stirbt. Embryo, Nährgewebe und Samenschale bilden den Pflanzensamen.*

durch den Wind oder die Insekten, wachsen die Blütenstaubkörner (Pollen) zu Pollenschläuchen aus, die in die Samenanlagen eindringen und die Befruchtung der Eizellen vollziehen.

Das ganz Besondere der Blütenpflanzen im Vergleich zu allen anderen Lebewesen ist aber, daß dabei nicht eine einfache, sondern eine doppelte Befruchtung eintritt. Von den zwei befruchtungsfähigen Zellkernen des Pollenschlauches befruchtet der eine, wie schon gesagt, die Eizelle, der andere die sogenannte Polzelle; das ist eine aus der Verschmelzung zweier Zellen hervorgegangene Zelle des achtzelligen Keimgewebes (Embryosacks). Beide befruchteten Zellen entwickeln sich nun zu zwei eigenen neuen Keimgeweben. Das Folgegewebe der befruchteten Polzelle umhüllt bald den viel langsamer wachsenden Embryo, der der Eizelle entstammt. Ersteres füllt sich bald reichlich mit Nährstoffen an (im Getreidekorn mit Stärke, bei der Rizinus-Pflanze

z. B. mit Ölen). Dann stoppt es seine Entwicklung und stirbt. Alle seine Nährstoffe bleiben aber dem zuinnerst liegenden Pflanzenembryo für dessen künftige Keimung zur Verfügung. Er liegt umbettet von seiner künftigen ersten Nahrung, die er sich selbst nicht gesammelt hat.

Was ist geschehen? In jeder Samenanlage einer Blütenpflanze werden zwei Organismen gezeugt. Aber immer stirbt das nahrungsreichere Geschwister und ebnet dadurch dem anderen den Weg zur höheren Entwicklung im Pflanzenreich, eben zur Blütenpflanze. Nicht allein durch die immer stärker zunehmende Abschirmung und Verinnerlichung des Entwicklungsraumes wird eine bessere und weiterreichende Entwicklung möglich, sondern sogar durch Lebensverzicht und Zurücknahme. Wären es nicht unbeseelte, rein vegetabilische Vorgänge, sondern beseelte, in freiem Entschluß vollzogene Tätigkeiten, so würden wir davon sprechen, daß das Höchste nur durch Selbstaufopferung möglich ist. Die Pflanzenwelt ist unbeseeltes Leben und, wie selbst das beseelte Tier, jenseits der moralischen Sphäre, jenseits von Gut und Böse. Aber sie ist erfahrbar gewordenes naturgewachsenes Bild moralischer Ordnung. Alle höchsten Pflanzen – die Blütenpflanzen: jede Tulpe, jede Rose, jede Sonnenblume, jeder Laubbaum und jedes Gras wachsen nur heran und können blühen und fruchten, weil am Anfang ihres generativen Lebens dieser Vorgang des Verzichtes stattgefunden hat, zu dem in ihren Fruchtanlagen das Nährgewerbe bereit ist. –

Werfen wir noch einen fragenden Blick zurück auf die urtümlicheren Vertreter der Samenpflanzen, auf die Nadelbäume, dann treffen wir erwartungsgemäß auf unvollkommenere Umkleidungen und geringere Verzichtnahme. Ihre Samen werden nicht von Fruchtblättern umwachsen, sondern »nackt« auf der Zapfenschuppe gebildet. Seit 1864 teilen nach dem Vorschlag des Botanikers Alexander Braun die Pflanzenkundler die samenbildenden Pflanzen (Spermatophyten) deshalb in die einfacheren Nacktsamer (Gymnospermen) und höher stehenden Bedecktsamer (Angiospermen) ein. Zugleich haben die Nacktsamer im Bau der Samenanlage nur erst ein einziges Integument, und die doppelte Befruchtung fehlt! Das Nährgewebe entwickelt sich hier ohne Befruchtung. Zwar bilden sich z. B. bei unseren Kiefern aus jeder

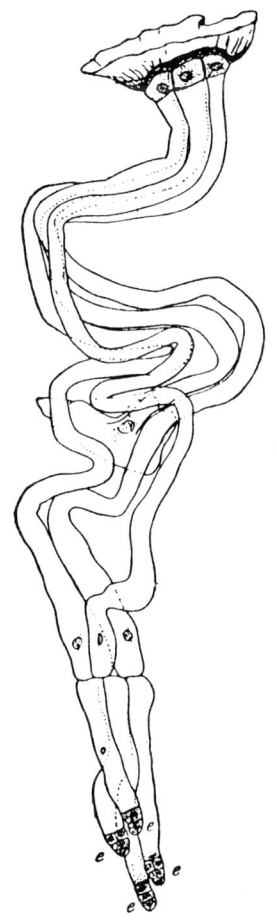

35  Bei der Kiefer (hier *Pinus banksiana*) entstehen aus der befruchteten Eizelle vier Embryonen (e), von denen nur einer sich weiterentwickeln kann. (80 ×, nach Buchholz.)

befruchteten Eizelle vier Embryonen, also gleichsam eineiige Vierlinge, von denen drei ihre Entwicklung zugunsten eines einzigen wieder einstellen und selbst vergehen. Aber es ist nicht mehr die Selbstaufgabe eines eigens gezeugten Lebens, und der Charakter der bloßen Selbstbehauptung des Stärkeren verbleibt. Düster und ernst erleben wir die Stimmung der so hervorgewachsenen Nadelwälder, während wir die Laubwälder und den Blumenreiz der Waldränder und Wiesen heiterer und freier, lichthafter und aufgeschlossener empfinden. Sie alle sind in der lebendigen Natur Wahrbilder, die der Mensch rein im Innerseelischen selbst kennt: Eine beschenkte Kindheit ist für jeden ein unversiegbarer Quell der Lebensfreude und Weltoffenheit durch das ganze Leben hindurch bis ins hohe Alter. Er kann sich höher entwikkeln, besser Mensch werden.

Eine der schönsten wissenschaftlichen Forschungsergebnisse der Botanik des letzten Jahrhunderts ist die Entdeckung des Generationswechsels. Von den Algen über die Pilze, Moose, Farnartige, Nackt- und Bedecktsamer läßt sich, trotz der unterschiedlichsten Erscheinungsformen, die zunehmende Ausbildung der durch die Befruchtung, sprich Vereinigung zweier Zellkerne, mit *doppelten* Chromosomensätzen ausgestatteten »diploiden» Generation (Sporophyt) verfolgen. Die mit einfachen Chromosomensätzen in ihren Zellen versehene Vorpflanze (der haploide Gametophyt) hingegen wird stufenweise in die diploide Pflanze hineinverlagert: bei den Samenpflanzen sind es die Pollenkörner und besonders der Embryosack im Innersten der Samenanlagen. Diese Verinnerlichung des Gametophyten ist in ihrer evolutiven Durchgängigkeit zwar jedem wissenschaftlichen Pflanzenkenner vertraut – ja jeder Schüler lernt ihn in den Oberklassen kennen – und doch ist sie in ihrer Aussagekraft für die gesamte Evolution von Pflanze, Tier und Mensch nicht recht bemerkt worden. Man hat von »Zweckmäßigkeit« gesprochen, die zarten Vorkeime in schützende Hüllorgane zu verschließen. Lebenstüchtig sind deshalb die Algen, Pilze, Flechten und Moose keineswegs weniger. Haben sie doch weit größere Zeiträume der Evolution überstanden und bilden noch heute den größten Anteil am atmosphärischen Gaswechsel von $O_2$ und $CO_2$ auf der Erde. Wieso mußte es überhaupt zur Bildung höherer Pflanzen, höherer Tiere und des Menschen kommen? Nicht die bessere Überlebensfähigkeit, nicht die quantitative Zuständigkeit für die Biosphäre der Erde, sondern die zunehmende funktionelle und gestaltliche Verinnerlichung und damit die anwachsende Umweltabhängigkeit sind die gesamthafte Physiognomie der Evolution des Lebens auf der Erde bei Mensch und Tier wie auch im Pflanzenreich.

Als leibliche Menschen leben wir aus der Gesamtkonstitution der auf den Gipfel getriebenen organologischen Verinnerlichung und Emanzipation. Unsere Sinnes-Nervenorganisation ermöglicht uns innere Empfindungen und Erlebnisse der äußeren Gegenstandswelt im subjekthaften eigenständigen Gegenüber. Wir sind nicht an einen Ort gebunden, sondern verfügen von Natur aus über besondere Ortsbeweglichkeit. Kein uns näher verwandtes Tier hat sich schon in vorgeschichtlicher Zeit so in allen Klimaten und Kontinenten verbreiten können wie der Mensch dank seiner besonders hohen physiologischen Autonomie. Wir verfügen über den selbständigen Wärmeorganismus mit der stabilsten Körpertemperatur aller Warmblütler.* Unsere lebenswichtigen Organe sind in die inneren Körperhöhlen verlagert, insbesondere der Entwicklungsraum des werdenden Kindes selbst.

Unser Kopf ist von der Greiffunktion beim Tier freigestellt und wird mit einem Minimum an Muskulatur auf der Wirbelsäule balanciert, herausgerückt aus der eigenen, aktiven Auseinandersetzung mit der Schwerkraft. Steiner äußerte einmal dazu: »...das Haupt des Menschen, es ist gar nicht auf dasjenige hinorganisiert, was im Menschen angepaßt ist an die irdischen Verhältnisse. So wenig wie die Magnetnadel des Schiffskompasses hinorganisiert ist auf die Bewegungen des Schiffes, sondern sich von ihnen ausschließt, so schließt sich das menschliche Haupt aus von der Anpassung an die irdischen Verhältnisse. Hier haben Sie dasjenige, was allmählich führt zum physiologischen *Begreifen der Freiheit*. Da haben Sie die Physiologie für das, was ich in meiner ›Philosophie der Freiheit‹ ausgeführt habe.« (GA 201)

Eine »Physiologie der Freiheit«, die erst den naturwissenschaftlichen Unterbau zum Verständnis des Menschen liefern kann, zeigt nach

---

* Schad 1982

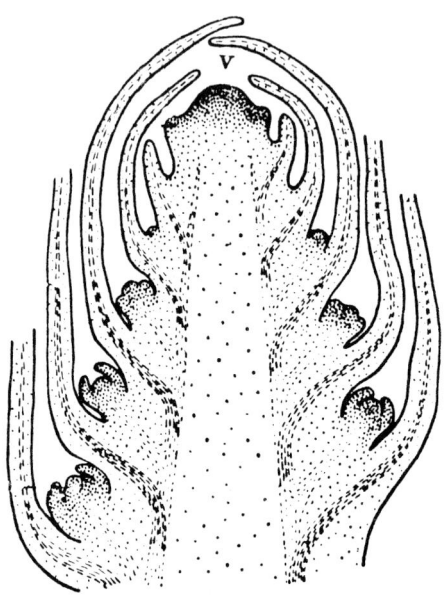

36   *Sproßknospe einer höheren Pflanze. V Vegetationskegel. Die*
*abgeschnittenen Blattanlagen hüllen ebenfalls den Vegetations-*
*kegel mit ein. In den Blattachsen entstehen zeitliche, sich wie-*
*derum in ihren Blattanlagen bergende Vegetationskegel. (60 ×,*
*aus Strasburger.)*

unseren Ausführungen, daß die physiologische Autonomie zwar im
Menschen gipfelt, aber nicht mit dem heutigen Menschen erst beginnt,
sondern schon durch die Stufenleiter der gesamten Lebewelt in ihrer
Zunahme verfolgbar ist. Sieht man in dieser physiologischen Qualität
das wesentliche, ihn zum Menschen machende Merkmal und schränkt
man also den Begriff des Menschlichen nicht nur auf die Gattung Homo
ein, so stellt sich die gesamte Lebensentwicklung als eine solche heraus, die von der Fähigkeit zum Menschlichen, zu einer Physiologie der
Freiheit, durchzogen war. Nicht erst nach dem Schimpansen beginnt

der Mensch, sondern viel eher. Die Evolution ist eine Evolution zur Freiheit gewesen, sie ist immer schon exakt in diesem Sinne menschliche Evolution gewesen.

Heute treten in der wissenschaftlichen Diskussion vermehrt Hinweise für eine Evolution zur Freiheit auf (Hassenstein, Jonas). Sogar in der Astrophysik stellte man sich gerade die Frage: Ist nicht unter allen denkbaren Evolutionen des Weltalls allein diejenige vorauszusetzen, die allein ermöglicht hat, daß Menschen entstehen, die dann so fragen können (Gale)?

Das in tausendfältiger Variation lebende Urbild alles echten Werdens zeigt uns jeder aufwachsende Pflanzensproß. In seiner Spitze, von den schon fertigen Hüllblättern verborgen, lebt der zarteste, entwicklungsträchtigste Anteil, der Vegetationsgipfel. Erst zum Schluß zeigt er sich in der Frucht, wo sein eigenes, bisher verborgenes Wachstum vorerst in der Sichtbarkeit endet, nachdem alle anderen Organe unter ihm aus ihm hervorgegangen sind: eine natürliche Chiffre der gemeinsamen Evolution aller Naturwesen aus dem Menschenkeim, der erst zuletzt fossil auftrat (Tittmann). Das ist die noch zu wenig bemerkte Entdeckung unseres Jahrhunderts, daß der Evolutionsgedanke den Menschen nicht zum Tiere macht, sondern alle Natur von der realen Menschwerdung durchzogen sieht. Pflanzen und Tiere sind unsere Brüder, unvollendete Menschen, für die wir voll verantwortlich sind, seitdem wir davon wissen und seitdem wir sie restlos zerstören können – oder an denen wir eine Wiedergutmachung zu vollziehen haben. Denn ihrem Verzicht verdanken wir unsere Entwicklung.

## V   Was ist Freiheit?

Was aber ist Freiheit? Zuerst einmal Befreiung von außerhalb des Individuums liegenden, es nur zwangsläufig bestimmenden Faktoren. Schon der Frosch befreit sich von der für die meisten Fische geltenden Bindung an das Wasser und kann in beiden Milieus leben, im Wasser und auf dem Land; er ist ein »Beid-Lebender«, ein »Amphi-bium«. Die Wüstenechsen tragen ihre Haut verhornt und sind so auch von der Wassernähe unabhängig geworden. Die Vögel sind gleichwarm und brauchen im Winter nicht in die Kältestarre unserer Echsen zu verfallen etc. Letzteres ist an sich höchst unzweckmäßig, da durch die Stoffwechseldrosselung hochgradig Energie gespart wird. Aber offensichtlich ging es in der Evolution nicht um diese Art der technischen Tauglichkeit, sondern um die zunehmende Präsenz individueller Innerlichkeit, nun auch im seelischen Sinne, unabhängig von den Umweltverhältnissen.

Im seelisch-geistigen Bereich erfährt der Mensch seine Freiheit, wenn auch nie absolut, so doch in ungemein erweitertem Sinne; allerdings nur, wenn er in Freiheit von ihr Gebrauch macht. Denn gerade er kann ja die Freiheitsmöglichkeit seines seelischen Verhaltens brach liegen lassen und sich äußeren (Schlüsselreizen) oder vererbten Zwängen (angeborene Verhaltensmuster) bzw. der von seinem freien Eingriff unbehelligten Verzahnung beider Zwänge überlassen – eben aus Freiheit. Denn gerade die menschliche Freiheit besteht erst einmal in der Freistellung, sie zu benutzen oder nicht. Das beinhaltet der Freiheitsbegriff auch.

Die erste Form, sich von der Freiheitsmöglichkeit nun auch noch den freien Gebrauch zu verschaffen, ist die *Einsicht* in das Wirkgefüge von partieller Gebundenheit und Befreiung, eben durch das *Denken* selbst.

Gerade dieser Vorgang wird mit dieser Darstellung selbst um eine Strecke Wegs betätigt. Eine wesentliche Orientierungshilfe, soweit sie eben aus Einsicht aufgegriffen wird, ist das philosophische Hauptwerk von Rudolf Steiner »Die Philosophie der Freiheit«. Darin setzt sich Steiner mit den verschieden möglichen begrifflichen Auffassungen des Wortes Freiheit auseinander. Es gibt die bloße Freistellung von äußeren Zwängen im Sinne von Wahlfreiheit: beliebig zwischen mehreren Möglichkeiten wählen zu können. Bei näherem Zusehen stellt sich dabei bald heraus, daß dabei an Stelle der äußeren Zwänge innere treten: Vorlieben, Annehmlichkeiten, Lustgewinn. Der Mensch in seinem Wesenskern bemerkt bei nur schon weniger Selbstbeobachtung die gleiche Unfreiheit, nur gleichsam mit anderen Vorzeichen: statt einem äußeren nun einem inneren. Die Freiheit der Beliebigkeit ist zwar offensichtliche Voraussetzung einer inhaltlichen Freiheit, noch nicht aber diese selbst. Die pubertäre Form der Freiheit besteht zum Beispiel darin, betont das Gegenteil von dem zu wollen, als was üblicherweise erwartet wird. Als permanente Haltung wird ihr Zwangscharakter nicht zu übersehen sein, als Durchgangsstadium aber ist sie notwendige Vorstufe inhaltlicher Freiheit und doch noch nicht letztere. Nietzsche unterschied diese beiden allzuleicht verwechselten Formen von Freiheit: »Mich interessiert nicht die ›Freiheit von‹, ich frage nach der ›Freiheit für‹.« Die erste Form der Freiheit besteht in der Auflösung oder gar abrupten Durchtrennung aller Bindungen; jeder wird zu seinem eigenen, vereinsamten Mittelpunkt der Welt. Die zweite Art der Freiheit besteht darin, ohne irgendeinen noch wirkenden Zwang aus freiem Willen selbstgewählte Bindungen einzugehen, weil sie dem eigenen Urteil als notwendig erscheinen, ihre Notwendigkeit aber nicht ohne den eigenen freien Entschluß Wirklichkeit werden kann. Die erste Form von Freiheit baut äußere Zwänge ab, ist aber selbst nicht fähig, neue Inhalte an ihre Stelle zu bringen. Die zweite Art baut innere Zwänge ab, entschließt sich frei für eine Aufgabe und wird dadurch inhaltvoll. Die erstere ist nur liberalistisch: Tu was du willst in aller Beliebigkeit, solange du keinen anderen störst. Die Unverbindlichkeit ist ihr Merkmal. Die zweite übernimmt, ohne dazu gezwungen zu sein, Verbindlichkeit, die man sich selbst auferlegt. Geliebte Pflicht ist ihr

Merkmal, wie es Goethe auszudrücken versuchte: »Pflicht: wo man liebt, was man sich selbst befiehlt.« Wie aber ist diese inhaltliche Freiheit erreichbar?

Das versucht Rudolf Steiner in seiner Freiheitsphilosophie zu beschreiben. Nicht nur die große Unfreiheit, im äußeren Handeln eingeschränkt zu sein, sondern auch die sublime und deshalb desto wirksamere Unfreiheit, im Bewußtsein keinen Einblick in dessen Zwänge zu haben, muß aufgelöst werden. Wir handeln immer unfrei, wenn wir die Beweggründe unseres Handelns nicht kennen. Nur insoweit wir die Verursachungen und die Folgen unseres möglichen Handelns in uns und in der Welt überschauen, können wir verantwortliche Beweggründe und freie Handlungsentscheidungen treffen. Erste und letzte Voraussetzung der Freiheit ist die sich selbst in ihren Beweggründen überschauende Denkfähigkeit, weil wir nur dann nicht von fremden und eigenen unbewußten Mächten getrieben werden.

Nun kann man das Denken als Bedingung der Freiheit ebenfalls im doppelten Sinne des obigen Unterschiedes zweier Freiheitsbegriffe einsetzen. Entweder wird es benutzt, um alle vorhandenen Aussagen und Einstellungen zu bezweifeln; man entgeht damit der Gefahr, Irrtümer weiter zu tradieren. Dieses kritische Denken baut aber wieder nur ab und bleibt inhaltlos, setzt nichts Neues an die Stelle des Kritisierten. Oder das Denken besteht gerade in der Erfassung der Weltzusammenhänge in freier Einsicht, liefert also Intuitionen. In der Intuition erfüllt sich das individuelle Bewußtsein in Freiheit – weil in voller Einsicht – mit der über die eigene Existenz hinausgehenden Gesetzmäßigkeit eines Weltzusammenhanges und wird dadurch in der Welt ungezwungen handlungsfähig. Das Gesetzliche zwingt mich nicht mehr, sondern wird erstrebt und gesucht, wenn ich es selbst finden darf und kann. Das ist nicht immer in jedem Augenblick möglich. In diesem Sinne ist nur ein Teil des menschlichen Verhaltens frei. Der Mensch ist nicht ein freies Wesen, aber ein auf dem Wege zu immer mehr Freiheit befindliches.

Zu den mächtigsten ihn naturhaft unbewußt bewegenden Trieben gehört der Fortpflanzungstrieb. Instinkt, Trieb und Leidenschaft sind hierbei oftmals so verwachsen, daß nicht ohne weiteres immer aus Einsicht und Voraussicht gehandelt wird, also sich selbst gegenüber die

Unfreiheit ungewollt erfahren wird. Die Gesellschaft hat nun zu allen Zeiten aus Erfahrung äußere Zwänge aufgestellt, um die eigenen Zwänge des Individuums zu entlasten. Aber beide Formen der Unfreiheit sind noch nie als so nutzlos empfunden worden wie bei der neueren Diskussion des Rechtsrahmens der Abtreibung, der Novellierung des Paragraphen 218.

In der seit dem Beginn der siebziger Jahre erneuten öffentlichen Diskussion geht es letztlich um das immanente Problem, ob das Freiheitsrecht der Frau oder das Lebensrecht des Ungeborenen im Konfliktfall – wie er auch sein mag – den Vorzug verdient. Die christliche Grundhaltung, für die Lebensexistenz des Schwächeren und Hilflosen einzutreten, und die anthroposophische Erforschung der geistigen Präexistenz des Kindes und seiner frühen Beteiligung an der Leibesbildung sprechen für die höchstmögliche Zurückhaltung bei der Abtreibung. Wieweit aber sollte diese Zurückhaltung rechtlich fixiert werden, wenn das Freiheitsrecht der Frau unveräußerlich sein soll. Rudolf Steiner hat sich nach langjährigem Gesprächsaustausch mit der Wiener Frauenrechtlerin Rosa Mayreder in seiner »Philosophie der Freiheit« zur Befreiung der Frau von ihrer gesellschaftlichen Abhängigkeit klar geäußert:

»Es ist unmöglich, einen Menschen ganz zu verstehen, wenn man seiner Beurteilung einen Gattungsbegriff zugrunde legt. Am hartnäckigsten im Beurteilen nach der Gattung ist man da, wo es sich um das Geschlecht des Menschen handelt. Der Mann sieht im Weibe, das Weib in dem Manne fast immer zuviel von dem allgemeinen Charakter des anderen Geschlechtes und zu wenig von dem Individuellen. Im praktischen Leben schadet das den Männern weniger als den Frauen. Die soziale Stellung der Frau ist zumeist deshalb eine so unwürdige, weil sie in vielen Punkten, wo sie es sein sollte, nicht bedingt ist durch die individuellen Eigentümlichkeiten der einzelnen Frau, sondern durch die allgemeinen Vorstellungen, die man sich von der natürlichen Aufgabe und den Bedürfnissen des Weibes macht. Die Betätigung des Mannes im Leben richtet sich nach dessen individuellen Fähigkeiten und Neigungen, die des Weibes soll ausschließlich durch den Umstand bedingt sein, daß es eben Weib ist. Das Weib soll der Sklave des Gattungsmäßigen, des Allgemein-Weiblichen sein. Solange von Männern darüber debattiert wird, ob die Frau ›ihrer Naturanlage nach‹ zu diesem oder jenem Beruf tauge, so lange kann die sogenannte Frauenfrage aus ihrem elementarsten Stadium nicht herauskommen. Was die Frau ihrer Natur nach wollen kann, das überlasse man der Frau zu beurteilen. Wenn es wahr ist, daß die Frauen nur zu dem Berufe taugen, der ihnen jetzt zukommt, dann werden sie aus sich selbst heraus kaum einen anderen erreichen. Sie müssen es aber selbst entscheiden können, was ihrer Natur gemäß ist. Wer eine Erschütterung unserer sozialen Zustände davon befürchtet, daß die Frauen nicht als Gattungsmenschen, sondern als Individuen genommen werden, dem muß entgegnet werden, daß soziale Zustände, innerhalb welcher die Hälfte der Menschheit ein menschenunwürdiges Dasein hat, eben der Verbesserung sehr bedürftig sind.«

Es kann also nicht von dem männlichen Teil der Gesellschaft dem weiblichen Teil vorgeschrieben werden, was ihr frommt, ohne die Mündigkeit erwachsener Menschen zu verletzen. Andererseits geht es bei der Abtreibungsfrage nicht allein um die Frau, sondern um die Frau und das Kind, ist also nicht nur eine Frauenfrage. Damit ist der Konflikt zwischen dem Freiheitsrecht der Frau und dem Lebensrecht des Ungeborenen gerade in der anthroposophischen Dimensionierung noch schärfer offengelegt.

Die heutige Rechtslage und ihre historische Entwicklung (Schroeder), sowie die von anthroposophischer Seite gemachten Vorschläge zur Neufassung des Paragraphen 218 (Barkhoff) sollen hier nicht näher erörtert werden. Ob der Rechtsrahmen weit oder eng gefaßt ist – er kann nie die Betroffenen von der geistigen Bewältigung der Problematik und damit von der Eigenverantwortung des Denkens und Handelns entlasten. Erst durch diese wird ja das bloß formale wertfreie Recht mit dem konkreten individuell verantworteten Recht ausgefüllt.

Auch die psychische Lage, in der sich die Frau vor sich selbst und in der Gesellschaft befindet, soll hier nicht ausgebreitet werden, da dies in den letzten Jahren öffentlich vielfach geschehen ist. Wichtige Literatur findet sich dazu bei Petersen.

Hier soll ergänzend die Kernfrage nach der Schicksalslage der Betroffenen in ihrem existentiellen, nicht verdrängbaren Umfang gestellt werden. Der heutige Mensch erfährt das Leben nicht nur als ein passiv Geschicktes, sondern als ein aktiv von ihm zu Gestaltendes. Was ist dann Schicksal? Im Aufwachen des Kindes über das Jugendalter zu sich als selbstverantwortlicher Erwachsener erleben wir unzählige Ereignisse nicht als Gestaltende, sondern Empfangende. Wir erfahren dankbar und schmerzhaft Schicksal. Und ein gutes Teil, auch durch das Erwachsenenleben hindurch, behält den Charakter des Ungewollten. Und doch: die viel freiere, individuellere Partnerwahl und die heutige Empfängniskontrolle drängen den Bereich passiver Schicksalsgegebenheit gegenüber früheren Jahrhunderten weitgehend zurück. Das Ja oder Nein zum Kinde aus partnerschaftlicher Verständigung zu beschließen ist das akzeptierte heutige Ideal.

Wieviel Freiheit geschieht dabei? Was an äußeren Zwängen (wirtschaftlicher Status, öffentliche Meinungsmache, politische Förderung oder Bremsung der »Geburtenfreudigkeit« etc.) oder an inneren Zwängen (Sicherung des »Stammhalters«, das Kind als Ehekitt oder zur Verschönerung des persönlichen Daseins oder gar als Spielzeug für die sonst inhaltlose Lebenslangeweile etc.) geben ja gar nicht die Offenheit, die dem erwarteten Kind seine eigene Würde zugesteht und frei *für* es ist? Und ebensowenig geben solche kirchlichen Dogmen wie die vom Kind als dem »Sinn und Ziel der Ehe« her.

In der Schicksalsfrage suchen wir die Transzendenz, können zu ihr aber nur einen vollziehbaren Zugang haben, wenn wir die nur paradox beschreibbare Erfahrung machen, daß das den Alltagsmenschen übersteigende Transzendierende zur Geistsituation jedes Menschen gehört. Die zum Menschen wesenhaft zugehörige, ihm »immanente Transzendenz« weist auf jenen Wesenskern jedes individuellen Menschseins, welcher nicht leibabhängig, also auch nicht nur vom Beginn der Embryonalentwicklung bis zum Tode existiert. Die Vorempfängnishaftigkeit und das nachtodliche Dasein des Menschen zu denken, gibt die Bewußtseinserweiterung, ohne die wir sonst nur noch verdrängen, was Schicksal ist. Der Arzt R. A. Moody hat den Erzählungen klinisch Gestorbener, die durch die Reanimationstechnik ins Leben zurückgerufen werden konnten, vorbehaltlos zugehört, als er die Vertrauenssphäre hergestellt hatte, ohne die die eingreifendsten Erlebnisse nicht erzählt werden. Seine Berichtssammlung ist weithin bekannt geworden.

Haben wir auch die gleiche, unbefangene Zuwendung an Kinder? Da spricht ein 2 ¼jähriges Kind plötzlich ganz rasch und ohne stockend zu überlegen zur Mutter: »Und da bin ich auf die Welt gekommen, und da war die Welt dunkel, und da kam die Sonne. Da bin ich fortgeflogen, und da bin ich zu dir gekommen, und da habe ich geschreit«, ohne daß je etwas davon gesprochen worden war. Da ahnen und träumen Mütter vor oder während der Konzeption oder Schwangerschaft konkrete Einzelheiten des nahenden Kindes (Verbrugh). Der Schweizer Dichter Carl Spitteler (1845–1924) war eine seltene Persönlichkeit dadurch, daß er sich an das Lebensgefühl seiner frühesten Kindheit im ersten Lebensjahr erinnern konnte: »Anfänglich fühlt man sich uralt und erst viel später jung; ... das ›Kind‹ ist eine Erfindung der Erwachsenen.« Wie wird sich das Verhältnis der Geschlechter zueinander im freien Finden von Sitte neu einstellen, wenn sich solche Ahnungen weithin verdichten, daß das Kind nicht gezeugt, erzeugt wird, sondern nur sein Leib? Die Frage der Abtreibung wird dann – unabhängig vom Rechtsrahmen – eine solche, daß die Verbindlichkeit zu dem vollen Menschen, den wir nur verniedlichend »Kind« nennen, von der Mutter *und* dem Vater realisiert wird.

Die Gedanken um die geistige Postexistenz und Präexistenz schließen sich durch sich selbst zusammen zu der Idee der wiederholten Erdenleben. Sie macht nur der Mensch durch. Alles, was ihn bei näherem Zusehen vom Tier unterscheidet, ist Ausdruck seiner reinkarnierten Existenz. Daß er über Geburt und Tod hinaus fragen kann, diese rätselhafte Tatsache ist schon selbst die Antwort darauf. Und dann wird denkbar, daß das angetroffene Schicksal im Erdenleben unter anderem auch ein Selbst-Geschicktes ist, das man sich aus den Erfahrungen eines früheren Lebens zwischen Tod und neuer Geburt aus dem Darinnenleben in der geistigen Moralsphäre der überirdischen Welt selbst verordnet hat. Das Schicksal hat immer zwei gleich starke Seiten. Eine aus der Vergangenheit deterministisch erlebte Seite, in der die Frage eigener vorgeburtlicher Entschlüsse der Wiedergutmachung durchklingt, und eine in jedem Moment in die Zukunft reichende Seite der

»Gutmachung«: in Freiheit zu tun, was ohne die eigene zwanglose Freiwilligkeit sonst in der Welt nicht geschähe. So ist der Mensch ein Mitverursacher und Neugestalter seines Schicksals. Daß er gerade in diese Zeit, in diesen Kulturraum und bei jenen Eltern geboren wurde und auf jene Erzieher traf, das geschah nicht ohne seine, wenn auch zumeist erinnerungsfreie und dadurch dem Egoismus des Erdenbewußtseins entzogene Mitbeteiligung. Der Mensch ist nicht biologistisch aus der Zufallskombination vom Vererbungs-Puzzle und dem Umweltfaktorenkomplex abzuleiten. Dieser trotz aller schreckenden Spuren der Nazizeit heute gleicherweise in Ost wie in West verbreitete Blut- und Boden-Mythos deklariert den Menschen mit logischem Zwang zum beliebig manipulierbaren Sachgegenstand. Die katholische Lehrmeinung, mit jeder Zeugung schaffe Gott die menschliche Seele originär dazu (Kreatinismus), verurteilt ihn zur zwanghaften Abhängigkeit vom sexuellen Akt. Mit der protestantischen Erklärung, bei der Zeugung würde sich von den Elternseelen die Kindesseele abspalten (Traduzianismus), wird ein psychophysischer Parallelismus geglaubt, der an der Würde der kindlichen Individualität, ihrer »Unteilbarkeit«, vorbeisieht. Die Postexistenz anzunehmen schmeichelt immer dem im Leibe lebenden Menschen. Die Präexistenz zu denken führt durch sich zu der Selbstlosigkeit, in der der Erdenmensch auch erst zu seinem selbstgestalteten Schicksal finden kann.

Das anthroposophische Verständnis von Wiederverkörperung und Schicksal ist die höchste Form der »Freiheit für«. Wenn im nachtodlichen Leben der Mensch so weit gekommen ist, die letzten Reste subjektiver Selbstbezogenheit zu verbrennen, so tritt er in seine wahre geistige Heimat ein. Sein Leben wieder mit der Weltenordnung zu vereinen, führt zu der inhaltlichen Freiheit, alles anhaftende Schuldhafte in einem nächsten Leben ausgleichen zu können.

Nun gab Rudolf Steiner davon einen in die Tiefen des menschlichen Geistes reichende Unterscheidung (1914). Jede schuldhafte Tat des Menschen hat Wirkungen in zweierlei verschiedener Hinsicht. Zum einen ist sie eine objektive Störung im Weltverlauf. Zum anderen fällt sie immer auch auf die Entwicklung des betreffenden Menschen zurück. Das Schicksalsgesetz, in einem folgenden Erdenleben den

Makel wieder ausgleichen zu können, das ist dem Menschen nur für die eigene Behinderung möglich. Das, was wir an Schaden objektiv in der Welt anrichten, ist zumeist viel größer als es in vielen Erdenleben wiedergutmachen zu können. Das kann nur durch ein Wesen geschehen, das über allen menschlichen Wesen steht und doch deren Tatenfolgen in der höchsten Form von Freiheit in Gnade auf sich nimmt und im Weltverlauf heilt. Der die Last der Sünden der Welt trägt, ist das durch zwei Jahrtausende gehende Gotteswesen, auf das wir uns selbst nur abladen, wenn wir nicht das in Mühe von Leben zu Leben immer selbstloser abarbeiten, was wir abzunehmen und zu übernehmen in der Lage sind.

# VI   Das geborene Kind – ein Zeit- und Ewigkeitswesen

Der einundzwanzigjährige Rudolf Steiner hatte 1882 seinen Erstling geschrieben: »Einzig mögliche Kritik der atomistischen Begriffe« und diesen Aufsatz dem von ihm verehrten schwäbischen Ästhetik-Philosophen Friedrich Theodor Vischer gesandt. Nicht nur die damaligen Atom-Begriffe, sondern auch die von Raum und Zeit wurden darin unter die Denkbeobachtung genommen. Im Begleitbrief an Vischer fällt der Satz: »Von einer Korrektur des Zeitbegriffes hat man wirklich das Heil der Wissenschaft in mannigfacher Hinsicht zu erwarten.« Die Entdeckung des weltgemäßen Begriffes der Zeit war für den jungen Studenten »einer der ersten Bausteine« der anthroposophischen Geisteswissenschaft seit seinem achtzehnten Lebensjahr. Das berichtete Eduard Schuré: »Von dieser Doppelbewegung hatte der junge Steiner seit seinem achtzehnten Jahre ein unmittelbares Gefühl.«* Was hat es mit dieser Doppelbewegung der Zeit auf sich? Und warum führen wir sie an, wenn wir uns um ein vertieftes Verständnis des Kindes bemühen? Diesen Fragen soll das Abschlußkapitel gewidmet sein.

Schon die folgende Bemerkung Rudolf Steiners weist uns auf das Inhaltliche jedes Zeitaugenblickes hin:

»Wie man nirgends sagen kann, da hört die Sinneswelt auf und da beginnt die geistige Welt, sondern wie überall die geistige Welt das Sinnensein durchdringt, so durchdringt die Ewigkeit ihrer Qualität nach jeden Augenblick ... Sie ist in jedem Augenblick selber garantiert, denn sie steckt in jedem Augenblick darinnen« (GA 138).

---

* Siehe Wiesberger.

Näher auf das Wesenhafte der Zeit kommt Steiner zu sprechen in einem Vortrag vom 2. September 1918, das eine so wichtige Korrektur unseres üblichen Erkennens bedeutet, daß es erlaubt sei, es hier im längeren Wortlaut wiederzugeben. Der Anlaß zu diesem Vortrag ist die Frage nach der geistigen Bedeutung des Todes jung verstorbener Menschen:

»Diesen Fragen kann man auch nur dann nahetreten, wenn man etwas ganz Bestimmtes ins Auge faßt. Und das ist, wenn man ins Auge faßt, daß der gegenwärtige Mensch, so wie er einmal als Erdenmensch vor uns steht, verhältnismäßig leicht fertig wird mit dem Raume, aber er wird nicht in gleicher Weise fertig mit der Zeit. In dieser Beziehung bieten die sämtlichen philosophischen Anschauungen, die es bis heute gibt, eigentlich keinen irgendwie nennenswerten Aufschluß, und die Frage nach dem Wesen der Zeit ist eigentlich bisher nur in engsten menschlichen Kreisen behandelt worden. Es ist auch nicht so ganz leicht, über die Zeit und ihr Wesen populär zu sprechen, aber vielleicht gelingt es doch, bei Ihnen eine Vorstellung hervorzurufen von dem, was ich eigentlich meine, wenn ich die Zeit in Analogie mit dem Raume einmal zur Erörterung bringe. Ich muß da allerdings Ihre Geduld etwas in Anspruch nehmen, weil scheinbar, aber eben nur scheinbar, die kurze Betrachtung, die ich darüber anstellen will, einen etwas abstrakten Charakter hat.

Wenn Sie einfach ein Stück der Räumlichkeit überschauen, so wissen Sie, daß dasjenige, was Sie da überschauen, sich Ihnen offenbart in einem perspektivischen Charakter. Sie müssen mit der Perspektive des Raumes rechnen, wenn Sie ein Stück Raum überschauen. Wenn Sie nun das Stück Raum, das Sie überschauen und dem Sie ganz instinktiv einen perspektivischen Charakter zuschreiben, auf eine Fläche bringen, dann berücksichtigen Sie die Perspektive dabei. Nicht wahr, wenn Sie in eine Allee hineinschauen, so sehen Sie die entfernten Bäume der Allee kleiner und näher aneinandergerückt. Das können Sie in der Perspektive ausdrücken, und Sie können in einer gewissen Weise perspektivisch auf einer Fläche zum Ausdruck bringen, was Sie im Raume sehen.

Nun ist es klar, daß dasjenige, was Sie im Raume sehen, in der Fläche nebeneinander ist. Im Raume ist es nicht nebeneinander; da sind diese

**104**

*37  Die zeichnerisch auf eine Fläche gesetzten Bäume erscheinen im Räumlichen.*

zwei Bäume da vorne (siehe Zeichnung), und zwei Bäume sind weit entfernt. Aber indem Sie den überschaubaren Raum in die Fläche bringen, setzen Sie dasjenige, was hintereinander ist, nebeneinander. Sie haben wiederum instinktiv die Fähigkeit, das, was Sie so malerisch oder zeichnerisch auf einer Fläche sehen, gewissermaßen in das Räumliche umzusetzen. Daß Sie diese Fähigkeit haben, das rührt davon her, daß der Mensch, so wie er jetzt einmal als Erdenmensch ist, sich von dem Raume als solchem verhältnismäßig stark losgelöst hat.

Nicht in gleicher Weise hat sich der Mensch von der Zeit losgelöst. Und das ist etwas ungeheuer Eingreifendes und Wichtiges, aber etwas leider kaum Bemerktes, kaum von der Wissenschaft Bemerktes. Der Mensch glaubt, wenn er sich in der Zeit entwickelt, die Zeit zu überschauen, die Zeit zu haben. Aber er hat in Wirklichkeit nicht die reale Zeit. Er hat gar nicht die reale Zeit, sondern das, was Sie als Zeit erleben, das ist eigentlich im Verhältnis zu der wirklichen Zeit etwas, was man ein Abbild nennen kann. So wie dieses Bild (siehe Zeichnung) in der Fläche sich zu dem Raume verhält, so verhält sich das, was der gewöhnliche Mensch Zeit nennt, zu der wirklichen Zeit. Der gewöhnliche Mensch erlebt nämlich nicht die wirkliche Zeit, sondern er erlebt ein Abbild der Zeit, er erlebt tatsächlich ein Abbild der Zeit. Und das kann man sich so sehr schwer vorstellen.

Sie können sich zum Beispiel außerordentlich schwer vorstellen, daß dasjenige, was heute wirkt, gar nicht im jetzigen Zeitpunkt vorhanden zu sein braucht, sondern in einem viel früheren Zeitpunkte real ist und im heutigen Zeitpunkte nicht real ist. Sie sehen gleichsam dasjenige, was in sehr frühem Zeitraume vorhanden ist, perspektivisch in Ihre eigene Zeit hereinwirken...

Eine Grundforderung für ein reales Schauen in der geistigen Welt ist dieses, daß man zeitlich perspektivisch sehen lernt, daß man lernt, zeitlich jegliches Wesen an seinen richtigen Zeitpunkt zu setzen...

Das ist sehr wichtig. Das ist etwas, was sehr wenig berücksichtigt wird. Wenn man die Welt verstehen will, wenn man geisteswissenschaftlich von der Zeit sprechen will, so muß man durchaus die Zeit raumähnlich vorstellen und muß dieses Verbundenbleiben des Wesenhaften mit der Zeit ins Auge fassen. Das ist sehr wichtig« (2.9.1918).

Was hier Rudolf Steiner für die geistig bleibende Präsenz früherer Zeitvorkommnisse entwickelt, hatte er in einem Vortrag vom 5.6.1907 schon einmal für die forschende Vorausnahme der Zukunft beschrieben:

»Das, was geschehen wird, wird der Mensch aus ganz freiem Willen tun, und je höher der Mensch sich entwickelt, desto freier wird der Mensch sein. Man darf auch nicht denken, daß schon jetzt für den Menschen bestimmt ist, was er in der Zukunft tun wird, *weil* er es voraussehen kann. Nur haben die meisten Menschen für diese Frage kein rechtes Verständnis, und in der Tat gehört sie zu den schwierigsten. Seit uralten Zeiten haben sich die Philosophen mit der Frage der menschlichen Freiheit und der gesetzmäßigen Vorherbestimmung der Erscheinungen abgequält. Fast alles, was auf diesem Gebiete geschrieben worden ist, ist höchst ungenügend, denn die Menschen können gewöhnlich nicht unterscheiden zwischen Vorausschauen und Vorausbestimmtsein. Mit dem Vorausschauen verhält es sich nämlich nicht anders als mit dem Hinschauen auf entfernte Raumpunkte. Wenn Sie im Raume hinsehen nach einem fernen Punkt, sagen wir nach der Straßenecke drüben, und Sie sehen, daß da ein Mensch einem andern zehn Pfennig schenkt, haben Sie dann diese Handlung bewirkt? Ist dadurch, daß Sie es sehen, irgendeine Ursache dafür gegeben worden? Nein; Sie sehen nur, daß er es tut, und das übt keinen Zwang darauf aus, daß er so handelt. Nun ist es in der Zeit in einer gewissen Beziehung ebenso, nur können die Menschen es nicht fassen. Man sagt oft: Wenn man sieht, daß etwas geschehen wird, so ist das doch eigentlich vorher bestimmt. Aber dann verwechselt man die Zukunft mit der Gegenwart. Das würde ja kein Vorausschauen in die Zukunft sein, wenn es schon bestimmt wäre; Sie sehen ja nicht etwas, was schon da ist, sondern etwas, was erst kommt; Sie müssen den Begriff des In-die-Zukunft-Schauens genau erfassen. Es muß das in geduldiger Meditation geübt und gepflegt werden, dann nur findet man die Möglichkeit, diese Dinge richtig zu fassen.«

Diese Darstellungen erscheinen dem gängigen Bewußtsein äußerst merkwürdig, wenn nicht gar befremdlich. Und doch können sie uns nicht nur die Denkorgane, sondern auch die Wahrnehmungsorgane für all das am Kinde öffnen, was gerade vom Kinde in unserem gängigen Bewußtsein hilflos zu kurz kommt: ein tieferes Verstehen seines Menschseins.

Wenden wir uns dazu erst einmal der anderen Seite zu, den Ergebnissen der biologischen Untersuchung des geborenen Menschen, des Säuglings. Es war 1837 der Zoologe Lorenz Oken, der in seiner »Allgemeinen Naturgeschichte für alle Stände« die Vögel nach ihrem Neugeborenenzustand in *Nesthocker* und *Nestflüchter* klassifizierte. Frisch aus dem Ei geschlüpfte Sperlinge sind Nesthocker. Hühnerküken sind typische Nestflüchter. Ersterer kommt hochgradig unfertig: nackt, blind, wärme-instabil und fast noch bewegungsunfähig zur Welt; letztere können sofort aufstehen und herumlaufen, sehen, picken, hören, sind wärmestabil und mit fertigem Daunenkleid versehen. Rasch entdeckte auch die Säugetierkunde, daß im Bereich der höchsten Tiere ebenfalls eine große Spannweite im Entwicklungsgrad der Neugeborenen besteht. Die typischen Nesthocker sind auch hier mehr die vital-schwachen Kleinformen, die Mäuse, Hörnchen, Hamster, Wiesel und Marder. Die Großsäuger kommen hingegen als nur etwas kleinere,

*38   Vogeljunge direkt nach dem Schlüpfen. Links: der junge Wende-*
*hals, eine heimische Spechtart, als noch völlig nackter Nesthocker.*
*Rechts: das Kiebitzküken als fertiger Nestflüchter. (Aus Port-*
*mann.)*

aber vollkommene Abbilder ihrer Eltern fix und fertig zur Welt: Fohlen, Kalb, Kitz und Lamm, so auch die Kinder der Giraffe, des Elefanten, der Robben und Wale. Diese sind also »Nestflüchter«, allerdings ohne daß noch ein Nest gebaut wurde. Es ist deshalb besser, hier physiologischere Begriffe einzuführen und bei den »Nestflüchtern« von im Reifegrad spätgeborenen Jungen, bei den »Nesthockern« von entwicklungsmäßig früh geborenen Jungen zu sprechen. Bei den im Körperwachstum auch eine mittlere Leistung erbringenden zentralen Raubtieren, den Katzen (man denke auch an die Großkatzen) und Hunden, sind die Neugeborenen schon behaart, aber noch blind und noch begrenzt bewegungsaktiv, befinden sich also in einem Übergangszustand zwischen den physiologischen Frühgeburten und Spätgeburten der anderen Säugetiere.

Es lag nahe zu versuchen, diese am Tier gewonnenen Begriffe auf den menschlichen Säugling zu übertragen, und so wurde dieser auch lange als »Nesthocker« klassifiziert. Portmann bemerkte als erster, daß

39  Neugeborene von Ratte, Hund und Rind. Das Rattenkind ist zuerst
pelzloser Nesthocker mit verschlossenen Augenlidern. Das Kalb
steht gleich nach der Geburt im bleibenden Fellmuster mit offenen
Sinnesorganen. Der neugeborene Welpe ist schon behaart, aber
noch blind und bewegungsunreif – ein Übergangsstadium zwischen Nesthockern und Nestflüchtern wie die meisten typischen
Raubtiere und Raubvögel.

das menschliche Kind aber auch über eine Fülle von »Nestflüchter-
merkmalen« verfügt: offene Fernsinnesorgane, fortgeschrittene
Gehirnreife, gute eigene Wärmeregulation. Er nannte es einen »primären Nestflüchter«, der evolutiv erst nachträglich zur »sekundären Frühgeburt« geworden sei, die sich noch nicht allein fortbewegen kann.
Hassenstein wandte dagegen ein, daß die passende Umgebung für das
kleine Kind nicht ein »Nest« sei, sondern der Arm der Mutter, und
bezeichnete es als »Tragling«. Lassen wir aber die ausschnitthaften
Interpretationen und Benennungen auf sich beruhen und fragen nach
allen Aspekten des Beschreibbaren.

Das menschliche Neugeborene erscheint unserem Anblick seiner
Entwicklungsreife nach nicht in einem eindeutigen, sondern einem
vielseitigen Zustand. Hochgradig unfertig und funktionell unreif sind
die Gliedmaßen. Von der spezifisch menschlichen Art der aufrechten
Fortbewegung kann bis gegen Ende des ersten Lebensjahres noch
nicht gesprochen werden. Auch im Stoffwechsel werden zuerst noch
viele Nährsubstanzen unverdaut ins Blut übernommen; man denke nur
an die Karotin-Färbung der Haut nach den ersten Gaben von Möhren-
säften und ähnliches. Im Funktionsbereich des Stoffwechsel-Gliedma-
ßen-Systems ist das menschliche Kind also eine echte Frühgeburt, die
noch weitgehend Anklänge des fötalen Lebens zeigt.

Deutlich anders ist der Entwicklungsgrad der Kopfregion. In bezug
auf das Nerven-Sinnes-System, das zwar den ganzen Leib durchsetzt,
aber seine größte Zentralisation im Kopfbereich besitzt, gelten die
Nestflüchtervergleiche. Hier ist der Mensch vergleichsweise eine Spätgeburt. Reifen doch manche Sinneswahrnehmungen des Kopfes in der
letzten Zeit der Schwangerschaft schon vor der Geburt aus. Manche
Kinder kommen mit verlutschtem Daumen auf die Welt, haben also
schon kräftig den Geschmacks- und Tastsinn zu betätigen versucht.
Auch für die vorgeburtliche Fähigkeit der Hörwahrnehmung gibt es
Hinweise (Clauser, Ando u. a.).

Es gibt aber auch einen Organbereich, der nicht früher und nicht später ausreift als eben gerade unter der Geburt selbst: die in der ersten
Einatmung sich aufblähende Lunge ebenso wie das Herz, in welchem
sich durch den bei der ersten Einatmung aus der Lunge einströmenden

40  *Menschlicher Säugling in den ersten Lebenstagen.*

Blutschwall die Herzscheidewand endgültig schließt. Erst jetzt ist ein Teil des Blutes durch die Lungenatmung voll arterialisiert und der venöse Teil durch den Verschluß der Herzscheidewand endgültig von jenem getrennt. Im alle Organe verbindenden, sie alle vermittelnden, rhythmisch arbeitenden Atemkreislauf-System wird der Mensch gerade im Augenblick der Geburt funktionsreif. Hier ist er keine Früh- oder Spät-, sondern eine Normalgeburt. Der neugeborene Mensch lebt also offensichtlich in ganz verschiedenen Reifegraden zugleich. Seine verschiedenen Organsysteme stehen nicht auf einer gemeinsamen, gleichartigen Entwicklungsstufe, sondern auf drei verschiedenen. Diese Verschiedenzeitlichkeit (die Biologen sprechen von Heterochro- nie) findet sich in diesem Ausmaße bei keinem Säugetier.

Die Mehrzahl der neugeborenen Nagetiere ist in allen Organen unterentwickelt, die der Raubtiere mittelweit und die der Huftiere sehr weit entwickelt, aber eben immer in allen Organen. Die Halbaffen und Affen haben ebenfalls recht funktionsreife Nachkommen, tragen also den Stempel der physiologischen Spätgeburt. Nur das Menschenaffen-

111

kind, insbesondere das Gorillakind, kommt mit anfangs noch ähnlich hilflosen Gliedmaßen auf die Welt wie der Mensch, entwickelt sich aber doppelt so schnell.

Die volle Spannweite der Heterochronie hat eben nur der Mensch. Er ist insgesamt weder Frühgeburt noch Normalgeburt oder Spätgeburt, sondern alle drei zugleich: eine Universalgeburt. Drei verschieden alte Menschen leben im geborenen Menschen und haben ihre eigenen Entwicklungszeiten. Der Kopfmensch hat die wesentlichen Entwicklungsschritte vor der Geburt durchlaufen, in ihm ist diese seine Vergangenheit konstitutionell nun präsent. Im Gliedmaßenmenschen ist fast noch alles nur Potenz, Möglichkeit, Keim und wird sich erst in der bevorstehenden Zukunft zu Fähigkeiten entwickeln. In ihm ist die Zukunft präsent. Im mittleren Mensch der rhythmischen Organisation ist er noch am meisten lebendige Gegenwart.

So zeigt uns das neugeborene Kind in der Art und Weise, wie es ins Licht der Welt tritt, in aller anschaubaren Unmittelbarkeit die volle Wirklichkeit der Zeit: Vergangenheit, Gegenwart und Zukünftiges leben gleichzeitig im Miteinander. Was in der physikalischen Messung als der eindimensionale Aspekt des bloßen Nacheinanders der Zeit aufscheint, ist in der lebendigen Wirklichkeit eine dreizeitige Gleichzeitigkeit. Die Zeit ist im Kinde leibhaftig so da, wie wir sonst nur das Nebeneinander und Miteinander im Raum kennen. Erst die Hinweise Rudolf Steiners auf das Neu-Denkbare der Zeit haben uns die Augen für das Kind des frühen Lebensalters geöffnet. Es ist ein Zeit- und Ewigkeitswesen zugleich. Denn in jedem Augenblick sind alle verschiedenen Zeiten zugleich als Ewigkeit in ihm anwesend.

Bevor wir die weitere Betrachtung des Kindes auf sein Ewigkeitswesen lenken werden, sei die Beobachtung der Zeit im seelischen Bereich eingeflochten. Der Leser hat in der bisherigen Darstellung wohl an sich selbst gut bemerken können, daß die hier erweiterte Zeitbegrifflichkeit nicht mit dem rationalistischen Verstand gewonnen werden kann, sondern eines intensivierten Bewußtseins bedarf, um unvoreingenommen an das heranzukommen, was Zeit ist. Gerade in dem neuen Steinerschen Zeitbegriff kommen wir mit der eigenen Verstandesseele nicht mit, sondern er ist unmittelbarer Ausdruck, ja Kennzeichen der

Bewußtseinsseele, die in der modernen Zeit so zu entwickeln ist wie die Verstandesseele früher einmal in der griechisch-römischen Antike. Steiner weist einmal (GA 145) auf Aurelius Augustinus (354–430) als einen Menschen hin, der in seinen Schriften schon die ersten Anzeichen der Bewußtseinsseelenhaltung zeigte. Nun findet sich in seinen *Confessiones* nicht nur die erste Autobiographie der Weltliteratur, sondern auch eine für unser Thema bemerkenswerte Philosophie über das Wesen der Zeit.

Man prüfe selbst diese Aussage an den folgenden Gedankenbewegungen des Augustinus, die für unser Thema so bedeutsam sind, daß hier ebenfalls ein längerer Wortlaut gestattet sei:

»Was also ist die Zeit? Wenn niemand mich danach fragt, weiß ich's, will ich's aber einem Fragenden erklären, weiß ich's nicht. Doch sage ich getrost: Das weiß ich, wenn nichts verginge, gäbe es keine vergangene Zeit, und wenn nichts käme, keine zukünftige, und wenn nichts wäre, keine gegenwärtige Zeit. Aber wie steht es nun mit jenen beiden Zeiten, der vergangenen und zukünftigen? Wie kann man sagen, daß sie sind, da doch die vergangene schon nicht mehr und die zukünftige noch nicht ist? Die gegenwärtige aber, wenn sie immer gegenwärtig wäre und nicht in Vergangenheit überginge, wäre nicht mehr Zeit, sondern Ewigkeit. Wenn also die gegenwärtige Zeit nur dadurch Zeit wird, daß sie in Vergangenheit übergeht, wie können wir dann sagen, sie sei, da doch der Grund ihres Seins der ist, daß sie nicht sein wird? Muß man also nicht in Wahrheit sagen, daß Zeit nur darum sei, weil sie zum Nichtsein strebt? ... Das Vergangene ist ja schon nicht mehr, und das Zukünftige ist noch nicht. Könnte man sich einen Zeitabschnitt denken, der in keine auch noch so winzige Augenblicksteilchen zerlegt werden könnte, so würde er allein es sein, den man gegenwärtig nennen könnte. Doch der fliegt so reißend schnell aus der Zukunft hinüber in die Vergangenheit, daß er sich nicht zur Dauer ausdehnen kann.

Ob es wohl jemanden gibt, der mir sagt, es seien nicht drei Zeiten, wie wir es als Knaben lernten und später selbst die Knaben lehrten, nämlich Vergangenheit, Gegenwart und Zukunft, sondern nur die eine Gegenwart, weil die beiden anderen ja nicht sind? Oder sind sie doch, aber die eine tritt aus irgendeinem Versteck hervor, wenn aus Zukunft Gegenwart wird, und die andere verzieht sich in ein Versteck, wenn aus Gegenwart Vergangenheit wird? Denn wo sollten die Seher, die Zukünftiges voraussagten, es erblickt haben, wenn es noch gar nicht da ist? Was nicht ist, kann man doch nicht sehen. Und die Vergangenes erzählen, könnten gewiß nicht Wahres erzählen, wenn sie es nicht im Geiste schauten. Wäre das aber nichts, könnte man es auch nicht schauen. Also ist es doch, das Zukünftige und das Vergangene.

Laß, Herr, mich weiter forschen, du, meine Hoffnung, und gib, daß mein spähender Blick nicht getrübt werde. Wenn es demnach Zukünftiges und Vergangenes gibt, so möchte ich wissen, wo sie sind. Wenn mir das noch nicht gelingt, so weiß ich doch: Wo sie auch sein mögen, da sind sie nicht zukünftig oder vergangen, sondern gegenwärtig. Denn wenn sie auch da zukünftig sind, sind sie da noch nicht, und wenn auch da vergangen, sind sie da nicht mehr. Wo sie also und was sie auch immer sein mögen, sie können nur gegenwärtig sein. Freilich, wenn wir Vergangenes wahrheitsgemäß erzählen, holen wir aus der Erinnerung nicht die Dinge selbst hervor, die vergangen sind, sondern nur Worte, die die Bilder wiedergeben, die jene Dinge im Vorübergehen durch die Sinne dem Geiste wie Spuren eingeprägt haben.

Ob sich's bei der Weissagung des Zukünftigen ebenso verhält, nämlich so, daß bereits bestehende Bilder noch nicht vorhandener Dinge vorfühlend wahrgenommen werden, das, mein Gott, ich bekenne es dir, weiß ich nicht. Soviel weiß ich jedoch, daß wir häufig unsere künftigen Handlungen im voraus überlegen und daß diese Vorausschau gegenwärtig ist...

Was aber jetzt klar und deutlich ist, das ist dies: Weder das Zukünftige ist, noch das Vergangene, und man kann auch von Rechts wegen nicht sagen, es gebe drei Zeiten, Vergangenheit, Gegenwart und Zukunft. Vielleicht sollte man richtiger sagen: es gibt drei Zeiten, Gegenwart des Vergangenen, Gegenwart des Gegenwärtigen und Gegenwart des Zukünftigen. Denn diese drei sind in der Seele, und anderswo sehe ich sie nicht. Gegenwart des Vergangenen ist die Erinnerung, Gegenwart des Gegenwärtigen die Anschauung, Gegenwart des Zukünftigen die Erwartung. Darf man so sagen, sehe ich in der Tat diese drei Zeiten und muß gestehen: es sind drei. Doch mag man meinetwegen auch sagen: es gibt drei Zeiten, Vergangenheit, Gegenwart und Zukunft. Mag man es sagen, wie es nun einmal mißbräuchliche Gewohnheit ist. Denn nur wenig ist, was wir genau zum Ausdruck bringen. Meist reden wir ungenau, aber man versteht schon, was wir sagen wollen.«

Was hier Augustinus entdeckt, ist die Erfahrung der Zeit im seelischen Bereich. Und hier stellt sich das gleiche heraus, was wir für die Zeitorganisation des menschlichen Leibesorganismus gefunden haben: Die wirksame Zeit besitzt ihre drei »Alter« gleichzeitig. Sie ist im Lebendigen ebenso wie im Seelischen kein undifferenziertes Neutrum, sondern in jedem Augenblick trägt sie die Ausrichtung in die Zukunft, deren Verwirklichung in der Gegenwart und deren Ergebnis als gegenwärtig bleibende Vergangenheit in sich. Das ist die quasi »räumliche« Perspektive der wirklichen, der wirkenden Zeit, die sich nur im verflachenden, reflektierenden Verstand zur physikalisch meßbaren Eindimensionalität verschmälert. Das aktive, »perspektivische« Zeitdenken aber eröffnet uns die immerwährende, im Jetzt das Ganze umfassende Gegenwärtigkeit. Das ist, nur in anderen Worten gesagt, das Geistige selbst in seinem Ewigkeitscharakter. Indem der Mensch ein Geistwesen ist, wird dieses ansichtig in der gleichzeitigen Dreizeitigkeit seines besonderen Seelenlebens. Kein Tier kann so ohne erbliche oder äußere Nötigung die Zukunft planend vorausnehmen, sie »vergegenwärtigen« wie der Mensch, und auch nicht so wie er aus der Vergangenheit aktiv lernen, ja Erfahrungsschätze von Jahrhunderten und Jahrtausenden im Kulturprozeß sammeln.[*]

Wo sich bei höheren Tieren Traditionsweitergabe durch Lernen feststellen ließ, spricht das nur für die evolutive Nähe und Abkunft vom Menschwerdungsprozeß. In der Einbindung der Vergangenheit und Zukunft in die freie Verfügbarkeit der Gegenwart aber übertrifft der Mensch alle anderen Naturwesen. Er verliert sein Menschsein, wenn er sich nur dem Augenblick überläßt und nur noch in ihm punktuell aufgeht.

---

[*] Jean Gebser hat vor kurzem ebenfalls diesen Zeitbegriff entdeckt und ihn in vielen heutigen Kulturerscheinungen aufgezeigt.

Dem Goethewort:

»Wer nicht von dreitausend Jahren
sich weiß Rechenschaft zu geben,
bleib' im Dunkeln unerfahren,
mag von Tag zu Tage leben«

kann man ebenso hinzufügen: Wer nicht für die nächsten dreitausend
Jahre Ideale, Erwartungen und Hoffnungen in sich trägt, kann ebensowenig sein Menschentum heute mehr bewahren. Ja, im beginnenden
Zeitalter der Plutoniumtechnik wollen und müssen wir unser gegen-
wärtiges Handeln nach noch viel größeren Zeitdimensionen ausrich-
ten. Vierundzwanzigtausend Jahre ist die Halbwertzeit des Zerfalles
dieses künstlichen Elementes, das wir seit kurzem erzeugen. Und die
menschliche Dimension der globalen und säkularen Verantwortung
entdecken wir jetzt ebenso, wie das letzte Jahrhundert die Kenntnis der
Erdgeschichte in den geologischen Zeitdimensionen der Vergangenheit, die so auch vorher noch kein Jahrhundert der Menschheit besaß.

In diese Welt werden unsere Kinder geboren. Was tritt uns in ihnen
entgegen, was kommt mit ihnen auf uns zu? Die besondere Erschei-
nungsform des Neugeborenen in seiner Gänze ist, einmal darauf aufmerksam geworden, ebenso wie unser Seelenleben von der *gleichzeitigen Dreizeitigkeit* durchdrungen. Der Mensch ist nicht nur seelisch,
sondern bis in die Biologie seines Leibes Ausdruck seines Ewigkeitswe-
sens. Und nie im menschlichen Lebenslauf werden wir dessen so
ansichtig als beim Kinde im ersten Lebensalter. Ist dies der wirksame
Grund, warum jeden Menschen der Anblick eines Neugeborenen so
ergreift? Wir sehen mit unseren Augen schon längst viel mehr, als wir
bisher erkennen konnten: diese Leibhaftigkeit des Geistes.

Nehmen wir Schilderungen Rudolf Steiners hinzu, so finden die bisherigen Gedanken die schönste Bestätigung. Vielfach machte er in
anthroposophischen Mitgliedervorträgen (GA 170) darauf aufmerksam, warum der menschliche Kopf so früh fertig ist und sich bis in seine
abgeschlossene Gestalt vom übrigen Leib so abhebt: Er sei in seiner
übersinnlichen Bildung der Extrakt, das Ergebnis des vorhergegangenen Erdenlebens. Die Gliedmaßen aber helfen immer schon dabei, ein

künftiges Leben vorzubereiten – eine, ohne Zusammenhang, sehr rätselhafte Aussage.

Zur Goethezeit trat einst ein bald berühmter Arzt auf, Franz Joseph Gall (1758–1828), der eine Schädellehre, Phrenologie genannt, entwarf, mit der er und seine Schüler jedem Menschen aus den jeweiligen Schädelvorsprüngen den Charakter abzulesen vorgaben. Vom »musikalischen Hinterkopf«, dem »Theosophenhügel« am Scheitel, der »Verbrecherschläfe« und von über zwanzig weiteren Stellen war da die Rede.* Eingehendere Untersuchungen aber konnten hieran nichts sichern. Daraufhin angesprochen, äußerte Steiner (GA 128, 169), daß die Gallsche Phrenologie selbstverständlich nichts hergebe, aber daß sie eine gewisse Berechtigung bekomme, wenn man die Kopfformen eines Menschen mit seinem Seelenleben im voraufgegangenen, letzten Erdenleben in Beziehung setze. Dem Kopf komme dafür schon ein diagnostischer Wert zu.

Die Gliedmaßenorganisation des Menschen ist der leibliche Ansatz seiner zukunftsoffenen Geistigkeit. Unsere Glieder gerinnen nie in die fertige Form wie die Schädelknochen. Sie bleiben beweglich und sind dadurch nie so festgelegt. Und die Qualität unserer Handlungen trägt auch immer den Charakter des Unfertigen, des Verbesserungsbedürftigen. Und noch mehr sind es die nur erst erstrebten, nie gelungenen Handlungsentwürfe, unsere Hoffnungen und Ideale, unser Wille, die die Keimkraft für das kommende Erdenleben bilden. Der Mensch will immer mehr als er kann, sonst ist er nicht mehr Mensch, denn er ist es nur, wenn er es *wird*.

Der mittlere Mensch ist ein duales Wesen. Er atmet ein und atmet aus. Was hier als Gegenwart erscheint, ist auch in die geistige Dimension der Zukunft und Vergangenheit eingegliedert, so, wie der Atemvorgang diese scheinbar fernen Zeiten in die Gegenwart einbindet. Alle Nuancen seiner Leibesorganisation, die ihn von jedem Tier unterscheiden, sind für den Erdenmenschen sichtbares Zeichen, daß er ein reinkarniertes Wesen ist, denn das ist kein einzelnes Tier. Es kann ja nicht so wie der einzelne Mensch in der vollen Spannung der Verschieden-

---

* Siehe bei Peyer.

zeitlichkeit leben, und das bestimmt auch seinen jeweiligen einseitigen oder – genauer gesagt – einzeitigen Neugeborenenzustand.

Indem wir das besondere Zeitwesen des Kindes erkennen, werden solche selbst vollzogenen Gedanken zur individuellen Quelle uns neu ergreifender Ehrfurcht vor dem Kindeswesen. Hingabe, Liebe und Dankbarkeit wachsen in uns, wenn die erfahrene Idee zum Ideal wird. Wir brauchen nicht die Zuschüsse vom Staat oder die Zeigefinger der gängigen Moralverwalter, um wieder »kinderfreudiger« zu werden. Die Erkenntnis des Menschen selbst in jedem in Erscheinung tretenden Kind als einem Zeit- und Ewigkeitswesen – warum sollte sie nicht auch Allgemeingut werden? Erst im Lichte der wiederholten Erdenleben, von denen der hilflose und doch uns so wach anblickende Säugling wortlos berichtet, werden in individueller Freiheit und doch zugleich allgemeinmenschlich die Probleme sich bewältigen lassen, die das ungeborene und geborene Leben uns stellt.

Das zwanzigste Jahrhundert hat auf allen Gebieten der Naturwissenschaft mehr Kenntnisse gesammelt als die ganze Menschheitsgeschichte vorher. So ist es auch nicht verwunderlich, daß nun auch alle früheren Zuwendungen zur geistigen Wirklichkeit dem heute fragenden Menschen nicht mehr hinreichen. Im kulturellen Zerfall der abendländischen Glaubenswerte besteht kein Unterschied mehr zum Zerfall jeder Stammesreligion in Afrika, Asien, Australien und Südamerika, wo nun auch endgültig die Technologie eingebrochen ist. Dieser Vorgang ist jetzt auf keinen Kulturkreis mehr beschränkt, sondern global geworden und zehrt an allen Religionen. Wir können auf die Dauer nicht mehr mit tradierten »Rückverbindungen« auskommen, sondern brauchen »Vorverbindungen«, also eigentlich eine »Proligion«, wie ein Dichter unserer Zeit zu sagen wagte. Und diese ist das neue, alle Ergebnisse der Naturwissenschaft aufgreifende, nicht aber durch diese beweisbare Verständnis der immer erneut und erneuert möglichen Wiederverkörperung der menschlichen Individualität.

Die Kirchen haben bei aller Verschiedenheit, ähnlich dem Judentum und Islam, die Postexistenz des leibfreien Menschen immer zugelassen, jedoch die Präexistenz in Anknüpfung an Aristoteles ausgeklammert, obgleich sie im Neuen Testament mehrfach angesprochen ist. Für das göttliche Wesen Christi war sie immer selbstverständlich: »Ehe denn Abraham war, war ich.« Und der Herr widerspricht keineswegs, als die Jünger ihn nach Johannes dem Täufer fragen: »Manche sagen, er sei Elias«, sprechen also unmittelbar von der Reinkarnation. *

Nun war das Wissen von der Wiederverkörperung des einzelnen Menschen in den meisten vorchristlichen Kulturen und den von ihnen sich ableitenden Religionen außer den mosaisch-jüdischen und griechischen Volksreligionen wie selbstverständlich verbreitet. Offensichtlich hatte die alt-jüdische, dann die griechische und später die mohammedanische Ablehnung der Präexistenz die Aufgabe, den Menschen zu helfen, sich stärker mit der äußeren, irdischen Welt einzulassen. Es gibt der Seele eine ganz andere Grundstimmung, den geistigen Sinn der Existenz in der tätigen Zuwendung an die materielle Welt zu sehen, wenn die eigene, geistige Existenz an die Entstehung des materiellen Leibes geknüpft gesehen wird. Auch das Christentum hat bei seinem Auftreten den Reinkarnationsgedanken nicht gelehrt, aber auch nicht verworfen. Aus diesen drei Kulturkreisen ging die bisherige Entwicklung der technologischen Beherrschung der Materie hervor.

Im zwanzigsten Jahrhundert ist diese Entwicklung an den bisher einmaligen, erstmaligen Punkt gekommen, wo sie dem Menschen nicht mehr nur hilft, sondern ihn, sämtliches Leben auf der Erde, ja die Erde selbst vollkommen gefährdet. Das Waffenarsenal reicht um ein Zigfaches hin, die gesamte Erdbevölkerung auszulöschen. Aber auch die »friedliche« Nutzung der chemophysikalischen Kräfte bringt vergiftete Nahrung, Krebs, Embryopathien und psychiatrische Erkrankungen in einem »flächendeckenden« Ausmaß hervor, die noch mehr bedrückt, wenn man nicht nur die Rückwirkungen auf den Menschen, sondern auf alle etwa 2 Millionen unwiederbringliche Arten von Lebewesen auf der Erde in den eigenen Verantwortungsbereich mit einbezieht. In dem desillusionierenden Buch des Wissenschaftsjournalisten Vance Packard »Die große Versuchung« ist die technische Fremdbestim-

---

* Siehe auch Frieling

mung des Menschen durch entsprechende »Eingriffe in Leib und Seele« in der Gegenwart und nächsten Zukunft genugsam verdeutlicht worden.

Rudolf Steiner machte darauf aufmerksam (GA 293), daß die alleinige Anerkennung der Postexistenz doch in erster Linie den – wenn auch noch so verfeinerten – Egoismus der *eigenen* Fortdauer hervorruft. Denn das Sterben steht jedem noch bevor, das Geborenwerden hat er selbst schon hinter sich. Die Zuwendung an den Gedanken der Präexistenz läßt uns vielmehr an den *anderen,* den noch ungeborenen Menschen denken. Wenn dieser Gedanke zur Grundstimmung wird, werden sich neue ethische Haltungen der Geschlechter zueinander, der Eltern zu ihren Kindern, ja der Menschheit zur gesamten Erdennatur einstellen. Denn diese Idee erzeugt aus sich selbst heraus Altruismus: die selbstlose Hingabe an den anderen und an das andere. Es ist die Präexistenz ihrem Wesen nach eine zutiefst christliche Idee, die heute geistig unabdingbar wird, weil sie den Menschen hilft, den bloßen Selbstbezug und damit das Ausleben seiner wenn auch noch so sublim bemäntelten Leibgebundenheit auszugleichen.

Nun ist die Anschauung der Wiederverkörperung des Menschen in ihrer vorchristlichen Fassung weitgehend als Rückbezug zur Welt des Überirdischen gelebt worden. Noch Platon schildert im »Menon«, wie Sokrates die Auswirkung der Präexistenz in dem eingeborenen Denk- und Begriffsvermögen sieht. Von dort, aus der Vorgeburt, stammen für Platon die Ideen, die hier im Erdenleben nur Erinnerung vorheriger, körperloser Geisterfahrung sind. Für ihn lernt der Mensch auf der Erde gar nichts Neues, da er im Grunde alles Wesentliche schon aus dem früheren Zustand kennt. »Für Plato liegt das eigentliche Leben der Seele *zwischen* den Inkarnationen« (Dietz).

Durch den geschichtlichen Verlust der alten Anschauung ist der Mensch erst dazu gekommen, hier im Leben auf der Erde neue Lern- und Erfahrungsmöglichkeiten zu sehen. Aber heute kann es nicht mehr um die Scheinalternative gehen, die Erde um des Himmels willen zu fliehen oder das Geistige um des materiellen Vorteils halber abzulehnen, sondern wir suchen die Lebenshaltung, daß der Mensch, seiner geistigen Prä- und Postexistenz bewußt, einen Sinn in seiner irdischen

Existenz so sehen kann, wie es ihm nur das Leben auf der Erde geistig ermöglicht. Mit dieser, gerade durch die Überwindung des alten Reinkarnationsgedankens neuen Auffassung tritt sie in der Neuzeit bei dem wohl geistvollsten Denker der Aufklärungsphilosophie, bei Gotthold Ephraim Lessing auf. Für Lessing geht es nicht darum, die Früchte der vorgeburtlichen Ideenschau ins Erdenleben mitzubringen, sondern umgekehrt: die Früchte des Erdenlebens in die geistige Existenz einzubringen: »Bringe ich auf *einmal* so viel weg, daß es der Mühe wiederzukommen etwa nicht lohnet?« Und Goethe geht noch weiter, wenn er sich vornimmt, das Erreichte für kommende Erdenleben fruchtbar zu machen. So gesteht er seinem Altersfreund, dem Musiker Karl Friedrich Zelter: »Und dann darf ich Dir wohl ins Ohr sagen: ich erfahre das Glück, daß mir in meinem hohen Alter Gedanken aufgehen, welche zu verfolgen und in Ausübung zu bringen eine Wiederholung des Lebens gar wohl wert wäre.«

Nicht das Wort aus dem 1. Buche Mose: »Machet euch die Erde untertan«, sondern das Pauluswort von dem »Seufzen und Harren der Kreatur auf die Erlösung durch die Söhne Gottes« klingt neu herauf. Nicht die Selbsterlösung, sondern die Selbstbefähigung für das Erlösungswerk an der Erde ist mit der neuzeitlichen Wiedergeburt des Wiederverkörperungsgedankens verbunden.

Zu dieser neuen Art der Reinkarnationsanschauung gehört, daß sie nicht der Tradition entnommen ist – die ist als Überzeugungsinhalt lange abgebrochen –, sondern als moralische und gedankliche Notwendigkeit in individueller Selbsttätigkeit gewonnen werden kann. So haben sich eine große Anzahl der bedeutendsten Geister der neueren Geschichte eigenständig dazu den Weg gebahnt, wie Emil Bock in seinem Buch schon 1932 zusammenfaßte.[*] Demoskopische Umfragen von heute bezeugen die weitverbreitete, stille Überzeugung davon, was aber hier nicht beredet werden soll, weil nur die individuelle Auseinandersetzung mit der Sinnfrage des eigenen Daseins und nicht das Schie-

---

[*] Emil Bock, Wiederholte Erdenleben. Die Wiederverkörperungsidee in der deutschen Geistesgeschichte, 6. Aufl. 1975.

len nach der quantitativen Übereinstimmung mit anderen weiterführen kann. In diesem Sinn hat die Wiederverkörperung ihre ausführlichste geisteswissenschaftliche Darstellung in der Anthroposophie Rudolf Steiners erhalten.

Dabei hat er nicht an das Offenbarungswissen der etablierten Glaubensverwalter angeschlossen – leugneten sie doch die Entwicklungsfähigkeit der Natur, leugnen noch heute die des menschlichen Geistes und propagieren dessen gläubigen Stillstand –, sondern unbekümmert an die naturwissenschaftliche Evolutionslehre des achtzehnten und neunzehnten Jahrhunderts, trotz vieler zeitbedingter materialistischer Verengungen, um sie zur Offenheit gegenüber der geistigen Wirklichkeit weiterzuentwickeln.

Steiner stand dabei vor der Frage, dort anzuknüpfen, wo von Gott und Geist in traditionellem Verbalismus geredet wurde, ohne daß der Geist als das in der Welt Schaffende und sich Entwickelnde erkannt wird, oder an die zwar verbalen Materialisten in der Biologie des neunzehnten Jahrhunderts, die aber mit dem Entwicklungsgedanken ernst machten. Er tat letzteres und verteidigte Haeckel gegen alle klerikalen Angriffe. Nicht das, was im bloßen Tagesbewußtsein lebt, sondern was an realem Geist wirksam ist, dafür wollte er eintreten und tat es.

Die Antike hatte ein starres Weltbild. Werden und Vergehen waren nur äußerliche Veränderungen eines im Prinzip unabänderlichen Seinszustandes. Für Plato waren die Ideen so unabänderlich wie die Fixsterne an der Kugelsphäre des Kristallhimmels. Die zehn Gebote Mose oder das Zwölf-Tafel-Gesetz Roms schrieben als vollkommenen Anspruch vor, was zu tun und zu lassen ist. Das Christentum brachte aber als das Neue die Überwindung aller Unabänderlichkeit, die Erneuerung durch das Stirb und Werde.

Noch in Germanien war das Ideal der sieggewohnte Heerführer. Selbst Christus wurde in der altsächsischen Heliand-Dichtung noch so dem Volke nahegebracht. Erfolgreich, angesehen und mächtig zu sein war die Mannestugend. Es gehörte zu den sozialdarwinistisch unbegründbaren Vorgängen der Geschichte, daß sich die Religion der Schwachen, Unterdrückten und Wehrlosen auf die Dauer durchsetzte. Mögen die verschiedenen Formen gewaltsamer Christianisierung und kirchlicher Machtpolitik dem widersprechen; davon ist bei näherem Zusehen die Ausbreitung des Christentums langfristig mehr aufgehalten als gefördert worden. Das gänzlich Neue, welches das Christentum brachte, war, den Schwachen nicht nur zu schonen, nicht nur anzuerkennen, sondern geradezu zu achten und zu ehren. Der höchste Ausdruck davon war die anbetende Verehrung des ans Kreuz genagelten, freiwillig hilflosen Gottes. Und als einen prophetischen Vorglanz davon erlebte man nun erst den Menschen in seiner hilflosesten, schwächsten und lebensuntüchtigsten natürlichen Lage: das Kind.

Die Anbetung des Jesuskindes als Zentrum des Weihnachtsfestes war eine außerordentliche Anforderung an den antiken und später an den germanischen Kulturkreis. Den volkspädagogischen Vorgang einer völligen Umorientierung bedeutete es für die Germanenwildheit, nicht mehr vor einem erprobten Heerführer, sondern vor einem armseligen Kind in einer Viehkrippe das Knie zu beugen und andächtige Hingabe zu üben. Das hob Rudolf Steiner einmal hervor (GA 165) und machte darauf aufmerksam, daß frühe Darstellungen, aus denen sich die Weihnachts- und Hirtenspiele des Mittelalters entwickelt haben, das heilige Kind auf einem Holzkreuz schlafend zeigten – ein unmittelbares Wahrbild für das Ausgesetztsein, für die Schmerzhaftigkeit des Erdenlebens, das zur Hilfe auffordert. Allzusüßliches hat den wahren Ernst des Weihnachtsfestes bürgerlich verkitscht. Aber in der europäischen Kunst blieb dieses Bild – wenn auch nie häufig, sondern nur an wenigen Stellen – wach, so in einem Glasfenster der Kirche von Lhuitre (Aube, Frankreich) um 1480 oder auch auf einer Zeichnung des Meisters von Zwolle (Niederlande) aus der gleichen Zeit (Kupferstichkabinett Berlin). Francesco Albani (1578–1666) malte dieses Motiv in der Barockzeit, und noch Mörike schrieb darauf ein Gedicht. Goethe mit seinem untrüglichen Sinn für das Urbildhafte läßt Wilhelm Meister in einem verlassenen Klostergebäude ein Wandgemälde aus dem Leben des Zimmermannes Joseph sehen: »Bald darauf folgt ein wundersam schönes Bild. Man sieht mancherlei Holz gezimmert; eben soll es zusammengesetzt werden, und zufälligerweise bilden ein paar Stücke ein Kreuz. Das Kind ist auf dem Kreuze eingeschlafen, die Mutter sitzt daneben und betrachtet es mit inniger Liebe, und der Pflegevater hält

41  Maria mit dem Kind und Kreuz. Meister von Zwolle, um 1480. (Berliner Kupferstichkabinett. Foto: Bildarchiv preußischer Kulturbesitz.)

mit der Arbeit inne, um den Schlaf nicht zu stören« (Wanderjahre, 1. Buch, 2. Kapitel).

Hatte nicht schon der Meister Grünewald in Isenheim das Kind der Madonna auf dem zerfetzten Lendentuch gemalt, das der Gekreuzigte vor dem schwarzen Himmel um die Lenden trägt? Und Bach läßt im Weihnachtsoratorium im Augenblick der Christgeburt die Weise des Passionschoral erklingen.

Jeder Mensch geht durch Vorgeburt, Geburt und Kindheit die Kreuzigung in den dreidimensionalen Achsenraum seines Erdenleibes ein. »Wenn ein Geist stirbt, wird er Mensch«, nannte es Novalis. Durch dieses Sterben in den Erdenleib aber kann der Mensch werden, was der Sinn seines Daseins hier und jetzt ist: ein neuer zu werden, der er nur durch das Erdendasein werden kann. Wer will das unterbinden, anstatt selber ein Neuer zu werden?

»In derselben Zeit, in welcher meine ›Philosophie der Freiheit‹ erschienen ist, die zunächst die menschlichen Handlungsimpulse in einer anthroposophischen Art als übersinnliche zu enthüllen versuchte und damit der menschlichen Ethik eine Grundlage zu liefern trachtete, in derselben Zeit erschien die damals aufsehenerregende Wiedergabe von *Haeckels* Altenburger Rede ›Der Monismus als Band zwischen Religion und Wissenschaft‹. Und ich glaube nicht, daß der Weg, welchen der gegenwärtige Mensch zu den Erkenntnisquellen anthroposophischer Forschung zurückzulegen hat, fruchtbar geschildert werden kann, ohne daß man dasjenige ins Auge faßt, was gerade mit einer solchen Anschauung wie Haeckels Monismus in unsere Gegenwart hereingezogen ist. Nietzsches Tragik beruht gerade darauf, daß er sich in so etwas eben nicht hat einleben können.

Haeckels Monismus ist gewiß in vieler Beziehung etwas Anfechtbares; allein, wenn man sich wirklich eingelebt hat in eine solche Denkergesinnung, muß man sagen, daß in ihr diejenige Anschauungsweise wirksam geworden ist, die sich aus der modernen Naturforschung heraus ergeben hat und die bei Haeckel mit einem religiösen, man könnte sogar sagen fanatischen Charakter aufgetreten ist. Aber man wird doch Haeckel nicht abtun können, wie so viele es wollen, indem man einfach auf seine Klischees in der ›Natürlichen Schöpfungsgeschichte‹ hinweist. Das ist eine Sache, die ihm allerdings, ich möchte sagen, durch eine gewisse wissenschaftliche Schlamperei passiert ist. Er hat Embryonen in frühem Stadium so gezeichnet, daß er, für allerdings wenig Verschiedenes, aber doch Verschiedenes, einfach die gleichen Klischees hat verwenden lassen. Es ist aber doch zu billig, um einer solchen

Schlamperei willen etwa Haeckels ganze monistische Denkweise abtun zu wollen, denn diese birgt dennoch in sich dasjenige, wiederum in Reinkultur, was sich einem nach Konsequenz drängenden Geiste aus dem modernen Forschungssinn heraus aufdrängte. Dieser moderne Forschungssinn hat ja eine Hinneigung zur Beobachtung, zum Experiment gezeitigt. Er hat dazu gedrängt, alle subjektiven Einflüsse auf die Weltanschauung des Natürlichen zu tilgen; er hat bewirkt, daß sich an Beobachtung und Experiment das Denken in einer außerordentlichen Weise diszipliniert und methodisiert hat. Und wenn auch gerade in dieser Beziehung Haeckel manchen Fehler aufweist, so wird man im Ganzen seiner Darlegungen immer diese Disziplinierung und diese Methodisierung des Denkens verspüren und zu gleicher Zeit ein künstlerisches Hindrängen nach Lösungen der höchsten Probleme, die sich gerade aus naturwissenschaftlicher Forschung auch über den Menschen ergeben können« (GA 78).

# Literatur

Ando, Y. u. H. Hattori, siehe in: Naturwissenschaftliche Rundschau, Jg. 24, H. 7, S. 305/306. 1971.

Andral, G.: Grundriß der pathologischen Anatomie, S. 102. 1829.

Augustinus, A.: Bekenntnisse (Confessiones), 11. Buch. Artemis-Verlag Zürich-Stuttgart 1950.

Von Baer, C. E.: Über die Entwicklungsgeschichte der Tiere. Beobachtung und Reflexion. Königsberg 1828.

Barkhoff, W. E.: Ein Gesetz – offen für die Freiheit. Gesichtspunkte zur Neufassung des Paragraphen 218. Die Drei, Jg. 43, H. 9, S. 442–446. Stuttgart 1973.

Blechschmidt, E.: Das Genetische Grundgesetz. Stimmen der Zeit, Bd. 175, S. 40–53, Freiburg 1965.

– : Vom Ei zum Embryo. Die Gestaltungskraft des menschlichen Keimes. Stuttgart 1968.

– : Entwicklungsgeschichte und Entwicklung. Scheidewege, Jg. 5, H. 1, S. 89–118, Stuttgart 1975.

– : Der Irrtum Haeckels. Medizin-factum, S. 3–9. Januar 1980.

Bock, E.: Wiederholte Erdenleben. Die Wiederverkörperungsidee in der deutschen Geistesgeschichte (1932). Fischer-Taschenbuch 1981.

Bühler, W.: Über Mondenwirksamkeiten in der Nativität. Dissertation. Freiburg i. Br. 1940.

Chamisso, A. von: Peter Schlemihls wundersame Geschichte (1813).

Clauser, G.: Die vorgeburtliche Entstehung der Sprache als anthropologisches Problem. Ferdinand-Enke-Verlag, Stuttgart 1971.

Conrad, K.: Warum mehr Knabengeburten in Kriegs- und Krisenzeiten? Kosmos, Jg. 47, H. 7, S. 257–260. Stuttgart 1949.

Craemer, U.: Favela-Kinder, Sozialarbeit am Rande der Gesellschaft. S. 29. Verlag Freies Geistesleben, Stuttgart 1981.

Debus, M.: Die Reform des Paragraphen 218 – Menschsein jenseits von Geburt und Tod. Verlag Urachhaus, Stuttgart 1978.

Dietz, K.-M.: Die Anfänge des Reinkarnationsgedankens in Europa. Die Drei, Jg. 51, H. 9. Stuttgart 1981.

Friedenthal, H.: Beiträge zur Naturgeschichte des Menschen. 5. Lieferung: Sonderformen der menschlichen Leibesbildung. 1910.

– : Die Sonderstellung des Menschen in der Natur. 1926.

Frieling, R.: Christentum und Wiederverkörperung. (Stuttgart 1974) Fischer-Taschenbuch 1982.

Gale, G.: Das anthropische Prinzip: Kein Universum ohne Mensch. Spektrum der Wissenschaft. Februar 1982.

Gebser, J.: Der unsichtbare Ursprung. Walter-Verlag, Olten-Freiburg i. Br. 1970.

Goethe, J. W.: Wilhelm Meisters Wanderjahre.

– : West-östlicher Divan. Buch des Unmuts.

– : Schweizer Reisen. In: dtv-Gesamtausgabe, Bd. 28, S. 140. München 1962.

Haeckel, E.: Brief an den Vater vom 21. 11. 1853 in: Ellbogen, P. (Hrsg.): Lieber Vater, Briefe berühmter Deutscher an ihre Väter. Berlin 1932.

– : Generelle Morphologie der Organismen. Berlin 1866.

– : Anthropogenie oder Entwicklungsgeschichte des Menschen. Leipzig 1874.

Hasler, H.: Zum Problem der Abtreibung. Das Goetheanum, Jg. 53, Nr. 28. Dornach 14. 7. 1974.

Hassauer, W.: Empfängnisregelung und menschliche Freiheit. In: Mit Kindern leben. Verlag Freies Geistesleben, Stuttgart 1979.

Hassenstein, B.: Aspekte der »Freiheit« im Verhalten von Tieren. Universitas Jg. 24, H. 12, S. 1325–1330. Stuttgart 1969.

Hemleben, J.: Rudolf Steiner und Ernst Haeckel. Verlag Freies Geistesleben 1965.

Hertwig, R.: Untersuchungen zur Morphologie und Physiologie der Zelle (4 Hefte). Jena 1884/85.

Heuser, C. H. u. G. L. Streeter: Development of the Macaque embryo. In: Embryology of the rhesus monkey (Macaca mulatta). Collected papers (Sammelband) of the: Contributions of Embryology, Vol. 29. 1941.

Hoffmeister, M.: Die übersinnliche Vorbereitung der Inkarnation. Verlag Die Pforte. Basel 1979.

– : Reinkarnation, Antwort auf das Rätsel des Menschen – eine Einführung in den Gedanken der wiederholten Erdenleben. Achberger Verlagsanstalt. Achberg 1975.

Jonas, H.: Organismus und Freiheit. Ansätze zu einer philosophischen Biologie. Göttingen 1973.

Kautzky, R.: Das Jenseits zusammenflicken? Der Spiegel, Jg. 32, Nr. 22, S. 219–221. 29. 5. 1978.

Kielmeyer, K. F.: Über die Verhältnisse der organischen Kräfte untereinander in der Reihe der verschiedenen Organisationen, die Gesetze und Folgen dieser Verhältnisse. Stuttgart 1793[1], Tübingen 1814[2].

– : Gesammelte Schriften (Hrsg. F. H. Holler). Reihe »Schöpferische Romantik«. W. Keiper, Berlin 1938.

Klemm, V. und G. Meyer: Albrecht Daniel Thaer, Pionier der Landwirtschaftswissenschaften in Deutschland. Halle/Saale 1968.

Kölliker, A.: Beiträge zur Kenntnis der Geschlechtsverhältnisse und der Samenflüssigkeit wirbelloser Tiere etc. Berlin 1841.

Kohlbrugge, J.H.F.: Das biogenetische Grundgesetz, eine historische Studie. Zoologischer Anzeiger, Bd. 38. Nr. 20/21, S. 447–453. 1911.

Kohl-Larsen, L.: Auf den Spuren des Vormenschen. Bd. 2, S. 336. Stuttgart 1943.

Langmann, J.: Medizinische Embryologie. Thieme Verlag, Stuttgart 1977[5].

Lessing, G.E.: Gesammelte Werke in 12 Bänden. Bd. 11, S. 68. Stuttgart 1890. Siehe auch Klemm et al.

Meckel, J.Fr.: System einer Darstellung der zwischen dem Embryonalzustand der höheren Tiere und dem permanenten der niederen stattfindenden Parallele. In: Beiträge zur Vergleichenden Anatomie, Bd. 2, S. 1–60. Leipzig 1811.

Moody, R.A.: Leben nach dem Tod. Rowohlt, Reinbek 1977.

– : Nachgedanken über das Leben nach dem Tod. Rowohlt, Reinbek 1978.

Müller, Fr.: Für Darwin. Leipzig 1864.

Oken, L.: Allgemeine Naturgeschichte für alle Stände. Bd. Vögel. Stuttgart 1837.

Packard, V.: Die große Versuchung. Der Eingriff in Leib und Seele. Econ-Verlag, Düsseldorf 1978.

Petersen, P.: Loyalität und Emanzipation im Schwangerschaftskonflikt. Der Psycho-Essay. Heft 7, 1981.

Petzold, U.: Manipulationsversuche am frühen Säugetierembryo. Biologie in unserer Zeit, Jg. 5, H. 6, S. 164–170. 1975.

Peyer, B.: Goethes Wirbeltheorie des Schädels. S. 110. Zürich 1950.

Platon: Sämtliche Werke, Bd. 2, S. 220 ff. rororo, Reinbek 1957.

Poppelbaum, H.: Mensch und Tier, fünf Einblicke in ihren Wesensunterschied (1928). Fischer-Taschenbuch 1981.

Portmann, A.: Biologische Fragmente zu einer Lehre vom Menschen. Basel 1944.

Remak, R.: Untersuchungen über die Entwicklung der Wirbeltiere, Berlin 1855.

Sachs, J.: Stoff und Form der Pflanzenorgane. 2 Bde. Leipzig 1892/93.

Schad, W.: Säugetiere und Mensch. Verlag Freies Geistesleben, Stuttgart 1971.

– : Die Scham als Entwicklungsraum des Menschen. Die Drei, Jg. 50, H. 1, S. 22–41. 1980.

– : Archaeopteryx lithographica – eine Mosaikform? Elemente der Naturwissenschaft, Nr. 32, S. 14–32. Dornach 1980.

– : Dynamische Morphologie von Herz und Kreislauf. In: Mensch und Heilmittel. Sondernummer der Korrespondenzblätter für Ärzte, Nr. 100, S. 43–61. Arlesheim/Schwäbisch Gmünd 1981.

– : Vom Leben im Lichtraum. Erziehungskunst, Jg. 45, H. 2, S. 76–82. Stuttgart 1981.

– : Menschenkundliches zur Geschlechterproblematik. Erziehungskunst, Jg. 45, S. 3/4, S. 156–174. Stuttgart 1981.

– : Zum Entwicklungsgang der organischen Eigenwärme. In: Goetheanistische Biologie, Bd. 1. Verlag Freies Geistesleben. Stuttgart 1982.

Schroeder, F.Ch.: Abtreibung. Reform des § 218. Aktuelle Dokumente de Gruyter, Berlin 1972.

Schwann, Th.: Mikroskopische Untersuchungen über die Übereinstimmung in der Struktur und im Wachstum der Tiere und Pflanzen. Berlin 1839.

Seidel, Fr.: Entwicklungsphysiologie der Tiere. Bd. 1, S. 48. Göschen-Bändchen 1162. Berlin 1953.

– : Entwicklungspotenzen des frühen Säugetierkeimes. Arbeitsgemeinschaft für Forschung des Landes Nordrhein-Westfalen. H. 193. Westdeutscher Verlag. Köln/Opladen 1969.

Spitteler, C.: Autobiographische Schriften: Meine frühesten Erlebnisse. Gesammelte Werke, Bd. 6, Zürich 1947.

Starck, D.: Embryologie, ein Lehrbuch auf allgemein biologischer Grundlage. Stuttgart, 1965².

Steiner, R.: Einzig mögliche Kritik der atomistischen Begriffe. In: Veröffentlichungen aus dem literarischen Frühwerk. Bd. IV. Dornach 1941.

– : GA 11: Aus der Akashachronik (1904).

– : GA 35: Philosophie und Anthroposophie, S. 139/140 (1911).

– : GA 61: Menschengeschichte im Lichte der Geistesforschung. Vorträge vom 4. und 18. 1. 1912.

– : GA 78: Anthroposophie, ihre Erkenntniswurzeln und Lebensfrüchte. Vortrag vom 1. 9. 1921.

– : GA 95: Vor dem Tore der Theosophie. Vortrag vom 26. 8. 1906.

– : GA 99: Theosophie des Rosenkreuzers. Vorträge vom 28., 29. 5. und 5. 6. 1907.

– : GA 111: Theosophie und Okkultismus des Rosenkreuzers. Vortrag vom 6. und 7. 6. 1909.

– : GA 114: Das Lukas-Evangelium. Vortrag vom 19. 9. 1909.

– : GA 128: Eine okkulte Physiologie. Vortrag vom 26. 3. 1911.

– : GA 138: Von der Initiation ... Vortrag vom 29. 8. 1912.

– : GA 145: Welche Bedeutung hat die okkulte Entwicklung des Menschen für seine Hüllen und sein Selbst. Vortrag vom 27. 3. 1913.

– : GA 155: Christus und die menschliche Seele. Vortrag vom 15. 7. 1914.

– : GA 165: Die geistige Vereinigung der Menschheit durch den Christusimpuls. Vortrag vom 19. 12. 1915.

– : GA 169: Weltwesen und Ichheit. Vortrag vom 27. 6. 1916.

– : GA 170: Das Rätsel des Menschen ... Kosmische und menschliche Geschichte. Vortrag vom 7. 8. 1916.

– : GA 181: Erdensterben und Weltenleben. Vortrag vom 25. 6. 1918.

– : GA 183: Die Wissenschaft vom Werden des Menschen. Vortrag vom 2. 9. 1918.

– : GA 201: Entsprechungen zwischen Mikro- und Makrokosmos. Vortrag vom 1. 5. 1920.

– : GA 205: Menschenwerden, Weltenseele und Weltengeist, 1. Teil. Vortrag vom 1. 7. 1921.

– : GA 218: Geistige Zusammenhänge in der Gestaltung des menschlichen Organismus. Vorträge vom 5. und 12. 11. 1922.

– : GA 226: Menschenwesen, Menschenschicksal und Weltentwicklung. Vortrag vom 17.5.1923.

– : GA 227: Initiationserkenntnis. Vortrag vom 26.8.1923.

– : GA 228: Initiationswissenschaft und Sternenerkenntnis. Vortrag vom 10.9.1923.

– : GA 233: Die Weltgeschichte in anthroposophischer Beleuchtung. Vortrag vom 13.1.1924.

– : GA 293: Allgemeine Menschenkunde. Vortrag vom 21.8.1919.

– : GA 316: Meditative Betrachtungen und Anleitungen zur Vertiefung der Heilkunst. Vortrag vom 21.4.1924.

Tittmann, W.: Das Wachstumsauge der Pflanze als Bild der stammesgeschichtlichen Stellung des Menschen. In: Schad, W. (Hrsg.): Goetheanistische Biologie, Bd. 1, Verlag Freies Geistesleben, Stuttgart 1982.

van der Post, L.: Flamingofeder. S.418. Berlin 1961.

Verbrugh, H.S.: Wiederkommen. Erfahrungen des Vorgeburtlichen und der Reinkarnationsgedanke. Verlag Freies Geistesleben, Stuttgart 1982.

Wiesberger, H.: Beiträge zur Rudolf Steiner-Gesamtausgabe, Nr.49/50, Dornach, Ostern 1975.